绿色建筑大数据管理平台应用
精品示范工程案例集

住房和城乡建设部科技与产业化发展中心　主编

中国建筑工业出版社

图书在版编目（CIP）数据

绿色建筑大数据管理平台应用精品示范工程案例集/
住房和城乡建设部科技与产业化发展中心主编. —北
京：中国建筑工业出版社，2020.11
ISBN 978-7-112-25410-1

Ⅰ．①绿…　Ⅱ．·①住…　Ⅲ．①生态建筑-建筑工
程-案例-中国　Ⅳ．①TU18

中国版本图书馆 CIP 数据核字（2020）第 163719 号

责任编辑：张文胜
责任校对：党　蕾

绿色建筑大数据管理平台应用
精品示范工程案例集
住房和城乡建设部科技与产业化发展中心　主编

*

中国建筑工业出版社出版、发行（北京海淀三里河路9号）
各地新华书店、建筑书店经销
霸州市顺浩图文科技发展有限公司制版
天津翔远印刷有限公司印刷

*

开本：787×1092毫米　1/16　印张：16¼　字数：404千字
2020年10月第一版　　2020年10月第一次印刷
定价：**62.00**元
ISBN 978-7-112-25410-1
（36351）

本书编委会

主　编：戚仁广

副主编：丁洪涛　毕既华　支建杰

编写组：住房和城乡建设部科技与产业化发展中心

　　　　　　　丁洪涛　戚仁广　毕既华　凡培红　刘珊珊　邵高峰

上海市建筑科学研究院有限公司　支建杰　沈晓雷　肖朋林　王　辉

上海建科建筑节能技术股份有限公司　华　康　郭凌颖

中国建筑科学研究院有限公司

　　　　　　　　李林涛　魏　峥　牛利敏　钱　程　廖　滟

中国建筑技术集团有限公司　张志杰　廉雪丽

中国建筑科学研究院天津分院　杨彩霞

北京建筑技术发展有限责任公司　王江华　王志忠　蔡　波

大连理工大学　马良栋　赵天怡

江西省建筑科学研究院　吴　梵　罗　俊

天津医科大学总医院　任云良

天津安捷物联科技股份有限公司　何　青

苏州爱博斯蒂低碳能源技术有限公司　沈丹丹　杨志琴

南京天溯自动化控制系统有限公司　马如明　金宝云　邬广海

中冶建筑研究总院有限公司　房　厦　赵冠乔

前　言

2017 年 6 月，科学技术部批准"十三五"国家重点研发计划"基于全过程的大数据绿色建筑管理技术研究与示范"项目立项，由上海市建筑科学研究院有限公司牵头承担。该项目针对建筑能耗监测平台大数据全面性不够、准确度存疑和应用性欠佳等不足，重点聚焦建筑能耗"采集→存储→分析→应用"全过程大数据链中的关键科学问题，建立建筑及其机电系统的标准化描述方法，实现不同功能系统的信息标准化集成，保障实测海量数据的安全及质量，建立能耗预测模型、用能诊断技术以及基于数据挖掘技术的建筑能效评价体系，提出基于实时运行数据和建筑实际使用需求优化运行策略，形成绿色建筑大数据集成管理技术，充分发挥能耗监测平台在建筑运行管理中的作用，提升绿色建筑的信息化管理水平。据研究内容要求，项目共设 8 个课题，其中课题八"绿色建筑大数据管理平台开发及工程示范"的主要任务是构建以数据驱动的公共建筑能耗在线监测云端信息库，通过集成公共建筑能耗数据分析方法和预测诊断技术，开发建设集数据采集与汇总、机制与管理、分析与诊断、公示与应用于一体的绿色建筑能耗大数据平台，并开展工程示范。

目前课题八已基本完成，进度和质量符合项目要求。一是完成了绿色建筑大数据管理平台（简称"大数据平台"）应用需求与架构研究。面向微观、中观、宏观三个不同层级的用户，充分调研不同受众群体的应用需求，研究绿色建筑大数据管理平台架构，从系统层级结构、数据流、业务流、用户体验等方面解决当前公共建筑能耗监测平台兼容性差、能耗分析与针对性弱、服务对象和服务模式单一等问题。二是完成了管理技术与管控机制研究。从大数据接入与处理、能耗诊断分析及预测预警等关键技术集成、流程与资源管控机制等方面分析研究，建立高效运行、经济适用、扩展性强的大数据平台管理体系。三是完成了大数据平台系统开发。以大数据平台管理关键技术为基础，综合其他课题研究成果及服务架构体系，将数据库系统、模型库系统、应用系统集成整合，开发面向不同群体需求的绿色建筑大数据管理平台，实现公共建筑能效评价、能耗预测与诊断等的功能应用。四是完成了工程示范应用。基于项目研究成果，组织在不同气候区域、不同功能、不同规模的公共建筑中实施示范工程，组织实施示范建筑能耗监测数据的采集传输、储存、质量控制、分析应用、支撑服务全过程的应用，全面示范应用相应的研究成果，对大数据平台进行示范与验证。

根据考核指标要求，课题要完成建筑面积不少于 1000 万 m^2，数量不少于 200 栋的示范工程。截至 2020 年一季度，绿色建筑大数据平台涵盖全国 4 个气候区的 32 个城市，累计实现 232 栋示范公共建筑项目的运行数据接入，覆盖建筑面积达 1200 余万平方米，电路监测点位数达到 21000 余个，超额完成了考核指标要求。

本书是"绿色建筑大数据管理平台开发及工程示范"课题的成果之一。全书分三个部分：第 1 部分概述大数据平台总体架构、业务流程、功能设计、关键技术等；第 2 部分遴选了 15 个不同气候区域、不同功能、不同规模的绿色建筑精品示范工程，介绍项目概况、实施情况、基于监测数据的分析预测、实施效果评价及可推广的技术；第 3 部分介绍大数据平台依托的动态数据指标体系和信息采集要求。希望通过对大数据平台建设内容、精品示范工程案例分析和各类数据信息采集要求的介绍和解读，为从事绿色建筑和建筑节能领域内的研究和从业人员提供一本全面和专业的工具书，也为相关方提供有益参考和借鉴。

本书在编写过程中得到了项目牵头承担单位上海市建筑科学研究院有限公司以及上海建科建筑节能技术股份有限公司、中国建筑科学研究院有限公司、北京建筑技术发展有限责任公司、大连理工大学、南京天溯自动化控制系统有限公司、深圳市紫衡技术有限公司等课题参加单位的大力支持。在此，一并衷心致谢。

本书由国家重点研发计划"基于全过程的大数据绿色建筑管理技术研究与示范"（项目编号：2017YFC0704200）资助。

由于编者水平有限，书中难免有不妥和错误之处，希望广大读者提出宝贵意见。

编写组

2020 年 6 月

目　录

第1部分

绿色建筑大数据管理平台概述

1.1 平台综述

作为国家"十三五"重点研发计划项目"基于全过程的大数据绿色建筑管理技术研究与示范"的重大研究成果,全国绿色建筑大数据管理平台聚焦建筑能耗"采集→存储→分析→应用"全过程大数据链中的关键科学问题,集成建筑运行大数据标准化与标准云端数据库构建技术,建筑运行数据安全保障与质量控制技术,建筑能耗建模质量评价与优化技术,基于数据挖掘的建筑能效评价技术以及建筑能耗实时预测诊断与优化管控技术,实现采集安全可靠、存储共联共享、模型规范统一及应用全面展开,挖掘建筑能耗大数据。

大数据平台由上海市建筑科学研究院有限公司开发,旨在通过大规模的全过程示范应用,利用创新技术成果,实现数据的综合开发利用,发挥大数据优势,在提高建筑能效管理水平的同时,提升城市精细化管理水平。

大数据平台涵盖全国4个气候区的32个城市,截至2020年一季度,累计实现232栋示范公共建筑项目的运行数据接入,覆盖建筑面积达1200余万平方米,电路监测点位数达到21000余个。

1.2 平台总体架构

大数据平台包括数据采集接入层、数据存储层、大数据能源管理服务层、接口层和应用服务层五个层级，从数据安全、网络安全、业务安全、账号安全等维度，运用智能化、接口化、自动化、标准化等手段，实现海量数据高效接入、高并发处理，提高数据处理和检索效率，实现精细化、有针对性的数据标准化输出。技术架构如图1.2-1所示。

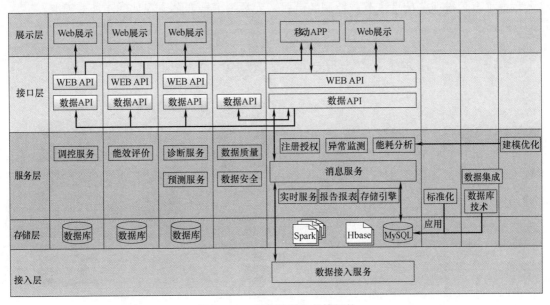

图 1.2-1 大数据平台总体架构

1.3 平台业务流程

大数据平台的业务功能重点面向建筑业主,同时兼顾节能主管部门需求而开发,采用面向对象的方法,形成模块化输出,适应个性化应用场景。大数据平台支持示范工程或示范工程中心平台自动采集上传及人工录入等多种方式实现数据入库,并以云端数据为支撑,解决不同数据集之间整合和重构的障碍,通过数据处理及数据服务的池化管理,建立大数据平台关键业务信息流节点控制的模式。大数据平台业务流程如图 1.3-1 所示。

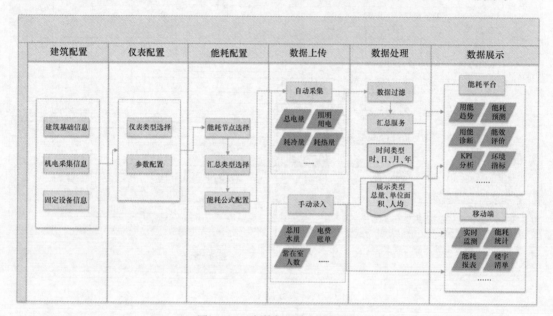

图 1.3-1 大数据平台业务流程

1.4 平台功能设计

1.4.1 综述

大数据平台整合大数据标准云端数据库系统、地理信息系统、数据采集系统、数据处理系统、数据诊断分析系统、数据预测预警系统、数据优化系统等，面向不同受众群体实现公共建筑用能状况的在线监测、能耗统计、能效评价、KPI指标分析、用能诊断、能耗预测等功能。具备四个特点：

一是具有建筑及其机电系统标准化大数据集成管理技术，建立覆盖32个城市的全国统一的建筑运行大数据标准化数据库及系统。

二是具有能耗监测多层次数据安全及质量保障技术，形成从数据采集、传输、分析、应用全过程多层次数据安全保障技术。

三是具有多层次的数据分析方法和模型，包含基于数据分析挖掘技术的建筑能效评价方法、建筑实时运行能耗预测、建筑用能诊断、建筑优化策略控制技术。

四是附带运维机制，注重提高平台的运行效果。

各项功能的具体内容如图1.4-1所示。

图1.4-1 大数据管理平台功能列表

1.4.2　功能设计

1. 身份认证

系统登录功能需实现用户名、密码及验证码三个参数的输入及验证功能。验证通过后进入平台主页，不通过则给予提示。系统登录响应时间不超过 5s。系统身份认证如图 1.4-2 所示。

图 1.4-2　系统身份认证

2. 平台首页

平台首页以宏观的视角，介绍平台的整体情况，包括总体建筑接入数量、总建筑面积、总监测点个数、覆盖城市数以及当日累计能耗，直观展现平台目前的使用与进展，右侧配以全国地图的图表，展示全国能耗数据流向，体现大数据可视化的效果。

3. 楼宇概览

功能的设计源于为建筑能源与环境管理提供服务与帮助，与传统的能耗监测平台不同，有如下特点：

（1）实现建筑 24h 总能耗与室外温度的耦合关系；

（2）实现全面的建筑环境数据监测，包括温度、湿度、二氧化碳以及 $PM_{2.5}$；

（3）实现对建筑 KPI 指标分析，包括单日常在人均能耗、单位面积冷热量、机房 PUE 等；

（4）实现对建筑、系统和设备用能的诊断及实际用能与预测用能的走势比对；

（5）实现对典型类型建筑实际运行能耗的统一评价。

同时，大数据平台保留传统功能，基于能耗模型，直观展示建筑不同能耗节点、不同颗粒度的多角度统计结果，包括总量及分项用能趋势分析、同期比、分项比、周末周中以及日夜用能的监测与统计。具体包括：建筑基本信息、近 24h 能耗与室外温度的关系、电耗情况、KPI 指标、环境实时情况、监测点情况、数据质量、能效评价、用能诊断，如图 1.4-3 所示。

（1）建筑基本信息

建筑电子档案，包含建筑图片、名称、建筑面积、类型、所属城市及建筑地址等。

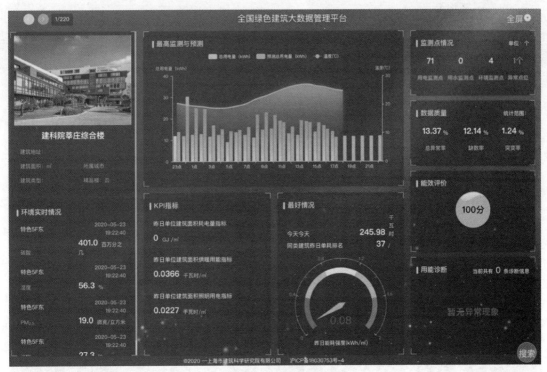

图 1.4-3 楼宇概览

（2）近 24h 能耗与室外温度的关系

近 24h 能耗及预测数据与温度耦合关系分析，显示近 24h 每个整点的能耗值及每个整点的室外温度。可以选择电/水/气三方面的能耗情况。

（3）电耗情况

统计截至当前时间的建筑能耗总量数值、昨日能耗在同类型建筑中的排名，以及昨日单位面积能耗所处的能耗等级。

（4）KPI 指标

昨日单位建筑面积耗冷量指标、昨日单位建筑面积供冷/供暖用能指标（根据各建筑所处季节区域不同而显示不同）、昨日单位建筑面积照明/照明与办公设备用电指标。

（5）环境实时情况

针对常用的 4 个环境指标（温度、湿度、二氧化碳、$PM_{2.5}$）的数据进行实时监测，包含实时读数、当前读数采集的设备所在的位置、采集时间。

（6）监测点情况

统计并展示能耗监测点、环境监测点、用水监测点以及异常点位数量。

（7）数据质量

针对建筑能耗数据缺失、异常等问题，通过分析数据特征及环境参数，对能耗数据进行快速诊断、标记、修复，保障数据完整性和准确性。

（8）能效评价

根据建筑使用特征、服务强度、分项用能系统特性等数据分析评价建筑总能效水平，以及供暖、空调等主要分项用能系统的能效情况。

（9）用能诊断

基于机电设备系统能耗和室内、外环境实时参数，分析建筑能耗受各项参数影响规律，建立建筑实时能耗预测模型，形成系统能效跟踪和诊断。

4. 实时监测

对仪表通信状态与数据的实时监测。通信状态指监测数据是否正常上传，数据监测监控仪表的读数变化趋势。通过对分布于各栋建筑的计量器具进行统一管理，及时发现仪表通信中断、数据异常等问题。可以通过筛选条件，定位到所需的单个仪表或仪表群，了解更详细的仪表情况，如仪表的基本信息、相关参数的详情情况与曲线数据等信息。实时监测如图 1.4-4、图 1.4-5 所示。

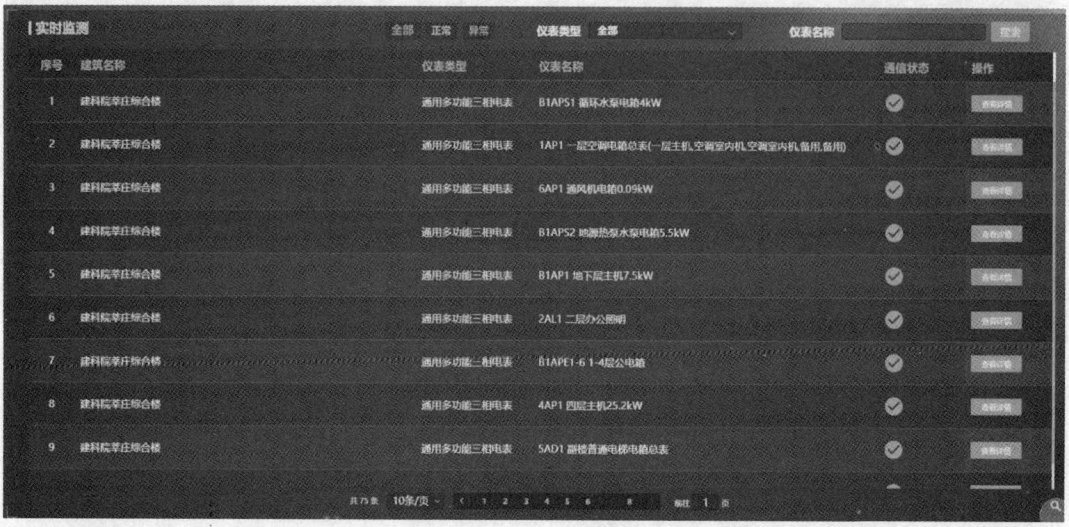

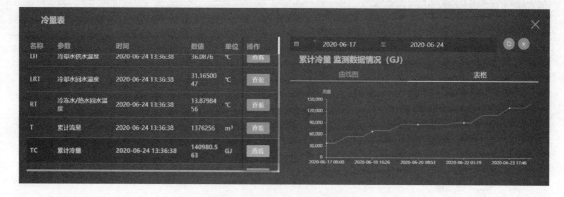

图 1.4-4 实时监测列表图

图 1.4-5 实时监测参数详情图

5. 能耗统计

从建筑能耗趋势、同期比、分项比、周末周中、日夜方式等角度统计汇总建筑能耗，查询时间精确到年、月、日以及小时。建筑能耗统计如图 1.4-6 所示。

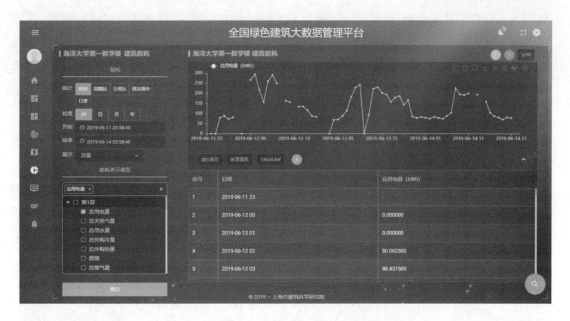

图 1.4-6　建筑能耗统计

6. 环境指标

通过对于建筑对象下各监测点位的温度、湿度、二氧化碳浓度以及 $PM_{2.5}$ 各项环境指标进行监测，记录汇总实时数据并以统一的方式展示同类指标的对比趋势情况。环境指标如图 1.4-7 所示。

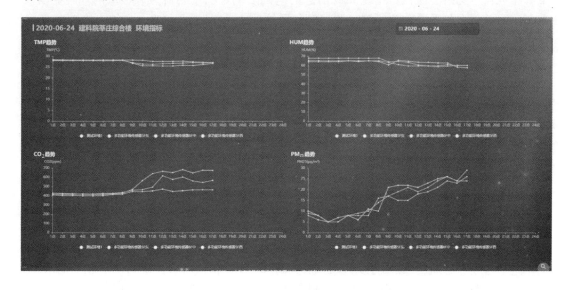

图 1.4-7　环境指标图

7. KPI 分析

对建筑的各项能耗关键指标进行汇总分析，根据不同的时间颗粒度展示关键指标的趋势情况，根据能耗关键指标直观地反映建筑的能耗使用情况。提供能耗关键指标的横向对比功能，方便用户了解建筑的能耗在同类型建筑中的排名情况，为更进一步地对建筑用能进行分析提供数据基础与依据。KPI 分析如图 1.4-8 所示。

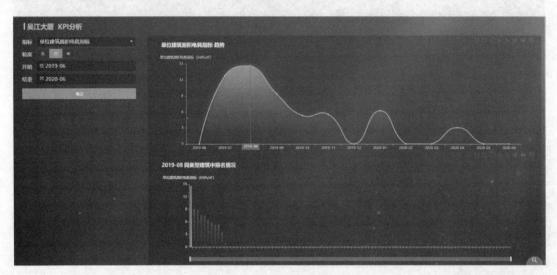

图 1.4-8　KPI 分析图

8. 能耗诊断

针对建筑运营过程中常见的问题和现象进行诊断输出，是在充分考虑目前可采集/收集的建筑和用能系统运行数据及相关信息的基础上确定的，涵盖空调、室内环境、变配电、照明、动力和通风六大系统，共 22 个用能问题和现象，包括 40 多个诊断指标和参数。

用能诊断指标主要采用横向对比的诊断方式，个别指标还可与相应的能效基准等对标。研究确定的用能诊断指标主要用于实时诊断，因此主要适用的时间颗粒度以小时级别为主，个别指标（如通过冷机群负载率诊断冷机综合工作状态）则是对整个供冷/供热季，即年的级别进行诊断。

计算用能诊断指标需要采集的数据包括动态数据、静态信息和统计数据，其中动态数据为最重要的数据，也是数据量最大的数据，主要采自建筑能源监测等信息化系统，且完全在本书对示范项目规定的技术要求范围内，从而确保数据的可获得性和实用性；静态信息包括建筑功能区面积以及系统设备名额等量化信息；统计数据则包括能源费用账单等累计量化数据。

诊断主要基于横向对比方式，即根据数据采集、处理和计算出的诊断指标的横向对比结果进行诊断。诊断结果的对比展示可通过排序，直观展示当前被诊断楼宇处于的水平，最后根据诊断指标的结果，进一步给出相应的诊断结论、主要原因及优化建议。能耗诊断如图 1.4-9 所示。

9. 能耗报表

对各建筑的电能源品种的用能总量和各分项能耗进行汇总统计，统计报表分为日、月、年报表。能耗报表如图 1.4-10 所示。

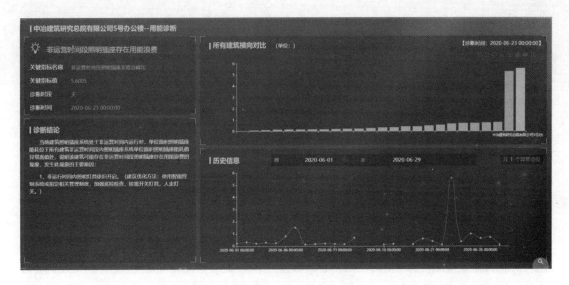

图 1.4-9　用能实时诊断

序号	时间	总用电(kWh)	总用水(m³)	总用气(m³)	总耗冷量(GJ)	总耗热量(GJ)
1	2019-06-01	25560.00	11.00	-	-	-
2	2019-06-02	25444.00	12.00	-	-	-
3	2019-06-03	28120.00	51.00	-	-	-
4	2019-06-04	28840.00	41.00	-	-	-
5	2019-06-05	29280.00	41.00	-	-	-
6	2019-06-06	29640.00	38.00	-	-	-
7	2019-06-07	25584.00	9.00	-	-	-
8	2019-06-08	26164.00	10.00	-	-	-
9	2019-06-09	0.00	0.00	-	-	-
10	2019-06-10	0.00	0.00	-	-	-
11	2019-06-11	0.00	0.00	-	-	-

锦辉大厦　能耗报表　　年 月 日　2019-06　总量

图 1.4-10　楼宇能耗报表

10. 能耗节点统计

查询建筑各能耗节点的数值，提供能耗节点对应配置仪表的能耗差值，提供不同颗粒度时间范围的统计功能，可根据各曲线数据分析能耗数据异常的原因。能耗节点统计如图 1.4-11 所示。

11. 楼宇清单

提供平台内所有建筑清单，方便相关用户进行筛选、对比，可以对楼宇某一属性

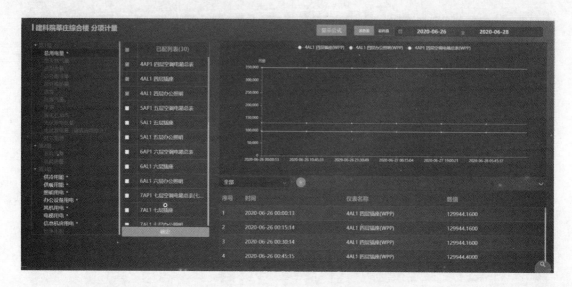

图 1.4-11 能耗节点统计

进行分类，有助于用户掌握平台各项建筑信息类的数据资源。楼宇清单如图 1.4-12 所示。

楼宇清单

序号	精品楼	建筑名称	建筑类型	所属城市	建筑面积(m²)	建筑地址	操作
1		北京地坛医院综合楼	医疗卫生建筑	北京市	9713.00	北京市朝阳区京顺东街8号	查看详情
2		北京地坛医院科研楼	医疗卫生建筑	北京市	15663.00	北京市朝阳区京顺东街8号	查看详情
3		北京地坛医院病房楼	医疗卫生建筑	北京市	48583.00	北京市朝阳区京顺东街8号	查看详情
4	★	中国戏曲学院1号楼（行政楼）	教育建筑	北京市	4939.66	万泉寺400号	查看详情
5	★	中国戏曲学院2号楼（1号教学楼）	教育建筑	北京市	10724.98	万泉寺400	查看详情
6	★	中国戏曲学院4号楼（图书馆）	教育建筑	北京市	4979.79	万泉寺400	查看详情
7	★	中国戏曲学院5号楼（2#教学楼）	教育建筑	北京市	12207.88	万泉寺400	查看详情
8		中冶建筑研究总院有限公司1号办公楼	办公建筑	北京市	5198.50	西土城路33号院	查看详情
9		中冶建筑研究总院有限公司2号办公楼	办公建筑	北京市	8285.30	西土城路33号院	查看详情

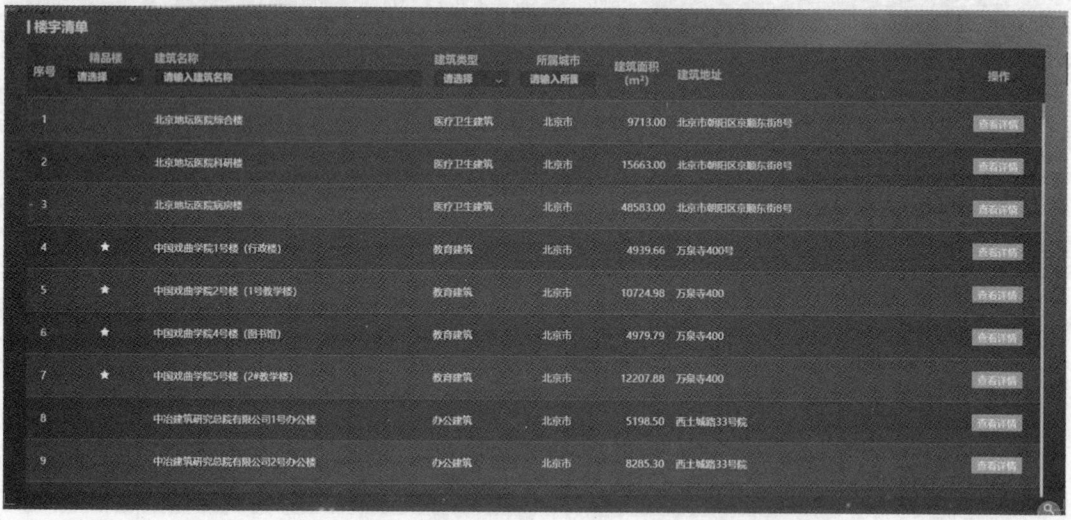

图 1.4-12 楼宇清单

12. 能效评价

对建筑实际能耗进行标准化处理，实现对典型类型建筑实际运行能耗的统一评价，解决不同建筑因运行状况不同和所在气候区域存在较大差异导致的无法直接比对建筑能耗运行状况，以及无法进行建筑运行能效水平评价的问题。系统实时计算建筑能耗的变化，为单个建筑和建筑群能耗对比评价等提供数据。能效评价如图 1.4-13 所示。

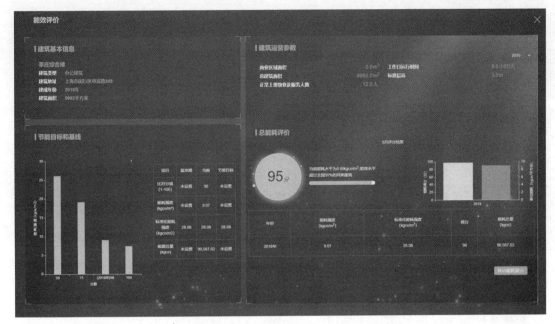

图 1.4-13 能效评价—总能耗展示

1.5　平台关键技术

1.5.1　大数据管理架构设计

大数据平台的数据库在标准化模型的基础上通过 HADOOP，HBASE，HIVE，SPARK，Kylin 等开源组件构建了具有大型公共建筑特征的海量能耗资源数据存储和管理平台，以多维数据分析服务为核心并支持数据容量线性扩展，针对海量数据实施对位建模并提供多维数据统计的方法。大数据管理架构设计如图 1.5-1 所示。

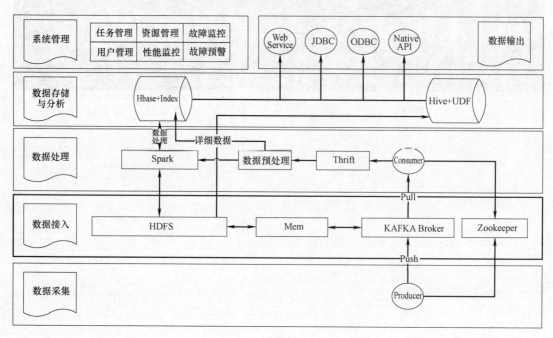

图 1.5-1　大数据管理架构设计

1.5.2　前后端分离的 Restful 架构风格

大数据平台前端页面和后台程序接口采用前后端分离的 Restful 架构风格，数据通过 JSON 格式进行数据交换。

前端采用成熟的 Vue 框架实行组件化，基于 HTML5 技术开发，Vue 用于构建用户界面的渐进式框架，实现双向数据绑定和组件化开发功能，与第三方库或其他支持类库结合使用时，能够为复杂的单页应用提供驱动。

后端微服务架构模式将大型、复杂的应用程序构建为一组相互配合的服务，使其拥有更高的敏捷性、可伸缩性和可用性，每个服务都可以很容易地局部改良，同时，微服务之间通过 RESTAPI 形式的接口或者消息队列进行整合。微服务架构如图 1.5-2 所示。

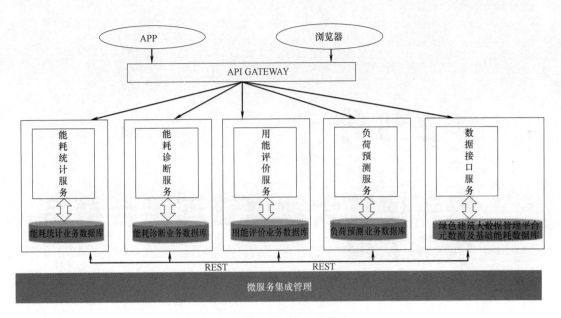

图 1.5-2　微服务架构模式

1.5.3　围绕着 ESB 总线进行系统构建数据服务层

结合平台多项应用集成的特征,改变传统软件架构,采用云端服务总线 ESB 构建最基本的连接中枢,消除不同应用之间的技术差异,让不同的应用服务器协调运作,实现不同服务之间的通信与整合,以及不同应用的消息和信息准确、高效和安全传递。数据服务层架构如图 1.5-3 所示。

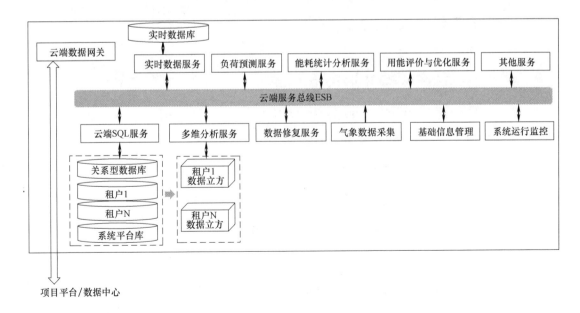

图 1.5-3　数据服务层架构

第2部分

绿色建筑大数据管理平台精品示范工程

2.1 上海建科大厦

2.1.1 项目概况

1. 楼宇概况

上海建科大厦位于上海市徐汇区宛平南路75号,最初的业态为酒店、餐饮及写字楼,2010年12月酒店停业,2012年2月餐厅停业,之后为纯办公业态,属多业主大厦。建筑共26层,地上24层,为办公区域,地下2层,分别为车库和设备用房,建筑地面高度为102m。总建筑面积为31189.85m^2,其中地上面积为27547.86m^2,地下室面积约3641.99m^2。车库位于地下室,空调主机设备及输配系统位于地下二层。上海建科大厦如图2.1-1所示。

图2.1-1 上海建科大厦外观图

2. 用能概况

上海建科大厦的能耗种类主要为电耗、气耗和水耗。电耗方面主要包括办公设备、照明、电梯、空调、信息中心用电等,气耗为溴化锂机组冬季制热用气,水耗为日常生活用水、空调用水及消防用水,建筑总体能耗量大。

上海建科大厦已安装电能和用水分项计量能耗监测系统,现有分项计量系统实施了24个回路,用水分项计量了大楼总用水量,计量数据均按照标准化数据指标信息采集要求上传至大数据平台。建筑能耗监测平台界面如图2.1-2所示。

(1)电能使用情况

图 2.1-2 建筑能耗监测平台界面

上海建科大厦有专门的高压配电室，位于地下一层设备间，总进线为 2 路 10kV 市政高压供电，变压器低压侧基本按照分项计量的方式进行电气回路的分配，各配电支路比较清晰，各区域照明、冷水机组、水泵等均独立开关，故对整个建筑可实现分项计量。该配电系统承担整个大楼的全部用电负荷，且在高低压侧均装有电量计量表，用电计量仪表包括 2 类，一类是安科瑞 DTSF1352，另一类是青智 ZW6433B，测量精度都是 1.0 级，可计量参数种类包括电压、电流、电功率、电度值，通信方式为 Modbus。配电回路如表2.1-1 所示。

上海建科大厦配电回路 表 2.1-1

序号	配电柜	回路名称	变比	分项
1	柜1	冷却塔	400/5	空调
2	柜1	3 号冷水机组	200/5	空调
3	柜1	4 号冷水机组	200/5	空调
4	柜1	1 号冷水机组	200/5	空调
5	柜1	2 号冷水机组	200/5	空调
6	值班室	空调冷却变频泵	250/5	空调
7	值班室	空调冷却工频泵	250/5	空调
8	值班室	空调冷热工频泵	150/5	空调
9	值班室	空调冷热变频泵	250/5	空调
10	3-5	消防泵	400/5	动力
11	2-2	底层～十层照明	1500/5	照明插座
12	2-1	十层机房	600/5	特殊
13	3-2	十二层机房	100/5	特殊
14	10-5	消防泵备用	400/5	动力
15	10-6	泛光照明	300/5	照明
16	3-3	路灯照明	100/5	照明

序号	配电柜	回路名称	变比	分项
17	11-5	事故照明	300/5	照明
18	11-3	厨房供电	200/5	特殊
19	4-5	电梯	300/5	动力
20	4-6	事故照明备用	300/5	照明
21	12-1	十六层机房	200/5	特殊
22	12-2	排水泵	150/5	动力
23	12-4	十一~二十四层照明	1000/5	照明插座
24	11-4	电梯备用	300/5	动力

（2）空调使用情况

经过节能改造，目前夏季供冷主要使用的是 4 台必信磁悬浮无油变频离心式模块机组，单台供冷量 525kW，单台功率 101.7kW。磁悬浮冷机外观和基本参数如图 2.1-3、表 2.1-2 所示。中央空调系统为两管制，由冷水机房进行冬夏季集中转换控制和管理。夏季供/回水设计温度为 7℃/12℃。总供水管经分水器分两路，一路供应裙房一~三层，另一路供应四~二十四层。空调水系统的裙房立管和主楼立管、平面管道均为同程式。VRV 空调机组设备参数如表 2.1-3 所示。

图 2.1-3　磁悬浮冷机外观

空调冷水机组清单　　　　表 2.1-2

设备名称	品牌/型号	台数	基本参数
BSMW-0525 磁悬浮无油变频离心冷水机组	必信 BSMW	4	单台供冷量 525kW 单台功率 101.7kW

VRV 空调机组设备参数   表 2.1-3

室内机型号	台数	单台功率 (kW)	室外机型号	台数	室外机参数	单台功率 (kW)
FZFP80AB	4	0.111	RHXYQ36AB	1	制冷：102.35kW	27.8
FZFP90AB	8	0.111			制热：89.07kW	
FZFP112AB	3	0.156	RHXYQ18AB	1	制冷：51.93kW	13.5
FZFP125AB	2	0.220			制热：46.59kW	
合计	17	2.240		2		41.3

冬季供暖使用一台日本原装进口"EBARA"牌 RAD-G060 型直燃煤气吸收式溴化锂机组，每台制热量为 1865kW，供/回水设计温度为 60℃/56℃。溴化锂机组外观和参数如图 2.1-4、表 2.1-4 所示。

图 2.1-4 溴化锂机组外观

溴化锂机组参数   表 2.1-4

设备名称	品牌/型号	台数	基本参数
直燃燃气吸收式溴化锂机组	日本"EBARA"RAD-G060	1	单台制热量 1865kW 额定耗气量 424Nm³/h 额定电功率 12kW

（3）用水情况

建筑用水主要用于生活用水、空调用水和消防用水，为 1 路市政总进户表，管径为 $DN150$。原有的建筑能耗监测系统已安装了上海真兰远传式流量计监测总进水管的水量。水表如图 2.1-5 所示。

（4）气能源使用情况

上海建科大厦用气主要是溴化锂机组冬季供暖使用天然气，天然气管道从市政供气总

图 2.1-5　水表照片

管分出到该楼宇和建科院食堂，用气数据通过人工录入方式接入大数据平台。

（5）环境监测情况

上海建科大厦作为上海市建筑科学院（集团）有限公司办公建筑，建筑面积大、用能人数多、人流量集中、空调能耗高，对室内环境的舒适度要求较高。各楼层均配有新风系统，但缺乏对室内环境参数的实时监测，新风系统的调节效果没有直观的数据说明。

（6）人员信息情况

上海建科大厦常驻办公人员未全安装考勤系统，无法统计流动办事人员，且缺乏对整体用能人数与建筑能耗之间关系的整合与分析。

2.1.2　实施情况

1. 总体方案概述

上海建科大厦用电回路计量完整，电表及水表和数据采集传输设备均正常运行，故用电、水能耗的采集不需要新装电表，只需调试数据传输程序即可；大楼采用集中式空调水系统制冷/制热，故需要安装冷热量计1台；大楼未安装环境监测设备，故需新装3台多功能环境监测传感器。

建筑能耗监测系统总体架构图如图 2.1-6 所示。建筑内部能耗监测末端系统包括建筑电耗、气耗、水耗、冷热量和室内环境参数。能耗监测网络采用 485 现场总线实现对建筑能耗各类参数的监测，通过建筑能耗监测智能网关实现与建筑内部网络的连接。建筑能耗及环境参数通过建筑内部的智能网关基于 Internet 网络将数据上传到绿色建筑大数据管理平台。

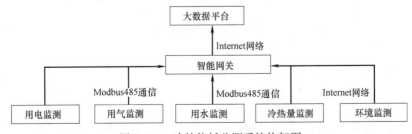

图 2.1-6　建筑能耗监测系统构架图

智能网关的主要作用是实现多目标服务器的数据发送、数据自动存储、心跳包上传、即时故障诊断反馈、数据计算处理、定时上传、断点续传等功能，为现场数据的真实性、有效性、实时性、可用性提供了保证。同时，实现对建筑内部能耗数据与 Internet 的连接，并以标准的 XML 格式将能耗监测数据上传到绿色建筑大数据管理平台的数据采集服务器，可以根据服务器端的 IP 地址接入任何数据监测平台。

上海建科大厦建筑能耗监管平台作为"十三五"国家重点研发计划"基于全过程的大数据绿色建筑管理技术研究与示范"的精品示范工程项目，需实施的内容如下：

(1) 建筑电耗计量：自动采集，总配电间电表 24 块；

(2) 建筑气耗计量：自动采集，建筑用气总表 1 块；

(3) 建筑水耗计量：自动采集，建筑用水总表 1 块；

(4) 建筑冷热量计量：自动采集，建筑冷热量表计 1 套；

(5) 建筑环境参数监测：自动采集，室内环境测点 3 个；

(6) 建筑室内人员信息计量：自动采集，主要出入口 2 个。

2. 加装监测设备清单

上海建科大厦建筑能耗监管平台加装的监测设备清单如表 2.1-5 所示。

加装监测设备清单 表 2.1-5

序号	设备名称	设备品牌	设备型号	设备数量	作用
1	环境传感器	博云创	BYC300	3	实现室内环境监测
2	外敷式超声波冷热量表	华立仪表	HL 系列	1	实现空调系统冷热量总量计量
3	人员统计设备			2	实现建筑用能人数的监测统计

3. 电能监测

上海建科大厦已安装用电能耗监测系统，现于高压配电间低压侧的配电柜附近安装了 24 块品牌型号为安科瑞 DTSF1352 和青智 ZW6433B 的智能电表对该建筑的用电情况进行监测计量，现场使用 Internet 网络传输。电表现场安装和电能监测点位表如图 2.1-7、表 2.1-6 所示。

图 2.1-7 电表现场安装图

电能监测点位表   表 2.1-6

序号	配电柜	回路名称	原有/新增	分项
1	柜1	凌水塔	原有	供冷用能
2	柜1	3号冷水机组	原有	供冷用能
3	柜1	4号冷水机组	原有	供冷用能
4	柜1	1号冷水机组	原有	供冷用能
5	柜1	2号冷水机组	原有	供冷用能
6	值班室	空调冷却变频泵	原有	供冷用能
7	值班室	空调冷却工频泵	原有	供冷用能
8	值班室	空调冷热工频泵	原有	供冷用能
9	值班室	空调冷热变频泵	原有	供冷用能
10	3-5	消防泵	原有	其他专用设备用电
11	2-2	底层～十层照明	原有	照明用电,办公设备用电
12	2-1	十层机房	原有	其他专用设备用电
13	3-2	十二层机房	原有	其他专用设备用电
14	10-5	消防泵备用	原有	其他专用设备用电
15	10-6	泛光照明	原有	照明用电
16	3-3	路灯照明	原有	照明用电
17	11-5	事故照明	原有	照明用电
18	11-3	厨房供电	原有	其他专用设备用电
19	4-5	电梯	原有	电梯用电
20	4-6	事故照明备用	原有	照明
21	12-1	十六层机房	原有	其他专用设备用电
22	12-2	排水泵	原有	其他专用设备用电
23	12-4	十一～二十四层照明	原有	照明用电,办公设备用电
24	11-4	电梯备用	原有	电梯用电

4. 空调冷热量监测

（1）热量表设备选型

空调冷热量计是 HL 系列外敷式超声波冷热量表，测量精度为 2 级，通信方式为 Modbus，可输出多种累计热量、瞬时热量、供回水温度等数值。超声波冷热量表如图 2.1-8 所示。

设备参数：

1）测量精度：2 级，满足《热量表》GB/T 32224—2015；

2）工作电源：隔离 DC8-36V 或 AC85-264V 或 3.6V/19AH 锂电池；

3）温度范围：4～160℃；

4）温差范围：3～75℃；

5）环境等级：B 级或 C 级；

6）可选输出：1 路标准隔离 RS 485 输出；1 路隔离 4～20mA 或 0～20mA 输出；双

图 2.1-8　超声波冷热量表外观

路隔离 OCT 输出（OCT1 脉冲宽度 6～1000ms 之间可编程，默认 200ms）；1 路双向串行外设通用接口，可以直接通过串联的形式连接多个诸如 4～20mA 模拟输出板，频率信号输出板、热敏打印机，数据记录仪等外部设备；

7）其他功能：自动记忆前 512 天、前 128 个月、前 10 年正负净累积流量；自动记忆前 30 次上、断电时间和流量并可实现自动或手动补加，可以通过 MODBUS 协议读出；

8）流量传感器：外敷式；

9）温度传感器：PT 100 或 PT 1000 铂电阻。

（2）热量表现场安装

外敷式传感器安装间距以两传感器的最内边缘距离为准，间距的计算方法是：首先在菜单中输入所需的参数以后，查看窗口 M25 所显示的数字，并按此数据安装传感器。传感器部署位置如图 2.1-9 所示。

图 2.1-9　传感器部署位置

外敷式传感器的安装采用Z法。特点是超声波在管道中直接传输，无反射（称为单声程），型号衰减损耗最小。Z法可测管径范围为100～6000mm。现场实际安装时，简易200mm以上的管道都要选用Z法（这样测得信号最大）。安装示意图如图2.1-10所示。

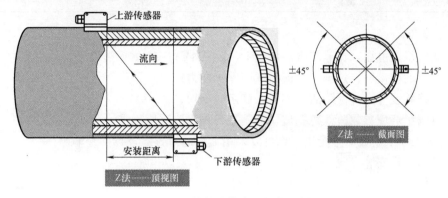

图2.1-10 外敷式传感器安装示意图

热量表安装注意事项：

1）密封防水，接线后必须用密封胶（耦合剂）注满；盖好盖后，必须将传感器屏蔽线缆进线孔拧好锁紧，以防进水。

2）安装传感器，使用角磨机将欲安装传感器的区域抛光，除掉锈迹油漆或防锈层，并用干净抹布蘸丙酮或酒精擦去油污和灰尘，然后在欲安装传感器的中心周围管壁上涂上足够的耦合剂，最后把传感器紧贴在管壁上并捆绑好，夹具（不锈钢带）应固定在传感器的中心部分，使之受力均匀；注意传感器和管壁之间不能有空气泡和砂砾。

5. 环境监测

（1）环境参数监测设备选型

本项目向某厂家定制了BYC300系列多功能环境检测仪，可以同时监测的参数包括环境温度、湿度、二氧化碳浓度、$PM_{2.5}$浓度等，一起采用相关传感器和运算芯片，具备高精度、高分辨率、稳定性好等优点。适用于空气环境监测设备嵌入配套和系统集成，如智能办公楼宇环境监测系统、智能家居环境监测系统、学校、医院、酒店环境监测系统、新风控制系统、空气净化效率检测器、车载空气环境检测仪等场所。多功能环境检测仪外观和参数如图2.1-11、表2.1-7所示。

图2.1-11 多功能环境检测仪外观

环境检测仪参数 表2.1-7

检测参数	原理	量程	分辨率	精度
温度	能隙温度传感器	-40～$80℃$	$0.1℃$	$\pm0.5℃$
湿度	电容式	0～$100\%RH$	$0.1\%RH$	$\pm3\%RH$

续表

检测参数	原理	量程	分辨率	精度
CO_2 浓度	非色散红外	400～4000ppm	1ppm	±30ppm±5％读数
$PM_{2.5}$ 浓度	激光光学	0～1000$\mu g/m^3$	1$\mu g/m^3$	±10％F.S

设备参数：

1）通信稳定可靠，宽范围电源供电 DC12～24V；

2）完善的防接反、过压、过流、线间保护能力；

3）电路软硬件设计保障故障率低、稳定时间短；

4）可测量环境参数覆盖范围广，能满足各种检测环境需求；

5）RS 485 工业级信号输出，也可以采用无线远传方式进行信号输出；

6）外形美观安装方便；

7）工作环境：－10～50℃；0～95％RH（无凝露）；

8）存储环境：－30～60℃；0～100％RH（无凝露）；

9）电源输入：DC12～24V；

10）电流消耗：均值为 250mA，峰值为 500mA；

11）信号输出：RS 485modbus RTU、物联网、以太网、Wi-Fi 可选；

12）防护等级：IP30。

（2）环境参数监测设备现场安装

根据《示范工程动态数据采集要求》的建议，测点应安装于公共区域人员活动区域距离地面 1.5m 高度处。

1）将环境检测仪安装在需要检测的位置，应远离发热体或蒸汽源头，防止阳光直射；

2）应尽量远离大功率干扰设备，如变送器、电机等，以免造成测量不准确；

3）避免在易于传热且会直接造成与待测区域产生温差的地带安装，否则会造成温湿度测量不准确。

6. 人员监测

上海建科大厦为办公建筑，建筑面积大、入驻部门数量多、用能系统复杂，拥有常驻办公人员 1000 余人，其余办事人员不定，每日人流量巨大，而用能人数与建筑整体能耗存在着一定的变化关系，采集每日的人员数量具有较重要意义。

采用红外人流量智能计数器实现对建筑人数的实时监测，设备外观及技术参数如图 2.1-12、表 2.1-8 所示。

图 2.1-12　红外人流量智能计数器

红外人流量智能计数器设备参数 表 2.1-8

功能表	Wi-Fi 版
红外检测距离	最高可达 20m
数据储存	云端数据永久保存
客流运行速度	最快 30km/h
运行状态	电池状态/设备故障/异物遮挡
供电选择	14505 号电池
浏览方式	手机小程序/电脑登录
外观尺寸	60mm×55mm×25mm
是否防雨	户外正常使用
软件支持	支持 API 对接
产品材质	ABS 材质

根据出入口类型及门口宽度选择安装类型及数量，多个门时需每个门安装一台计数器。

采集周期为 15min，完成人数数据的同步上传。

由于上海建科大厦有南门和北门两个进出口，需设置 2 个测点，点位布置如表 2.1-9 所示。

上海建科大厦人数自动采集监测点位表 表 2.1-9

序号	安装位置	能耗节点	原有/新增	表具型号
1	南门	人员信息	新增	红外人流量智能计数器
2	北门	人员信息	新增	红外人流量智能计数器

2.1.3 基于监测数据的分析预测

1. 用能评价分析

上海建科大厦 2019 年用电情况分析如表 2.1-10、图 2.1-13 所示。

上海建科大厦 2019 年用电情况 表 2.1-10

月份	总用电量(kWh)	占全年比例
1 月	265193	9.54%
2 月	229169	8.25%
3 月	232241	8.36%
4 月	151596	5.46%
5 月	141536	5.09%
6 月	287494	10.35%
7 月	242931	8.74%
8 月	359596	12.94%
9 月	338327	12.17%
10 月	142981	5.15%
11 月	182892	6.58%
12 月	205003	7.38%
合计	2778959	/

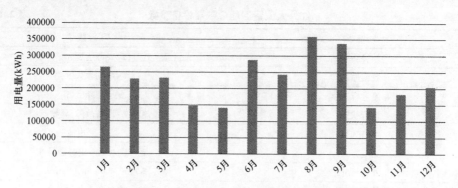

图 2.1-13　2019 年上海建科大厦各月用电情况

上海建科大厦 2019 年用电整体呈现夏、冬季高，过渡季低的趋势。暖通空调系统占总建筑用电比例高，有一定的节能空间。

在冷站前期的测试中，结果显示冷机总体能效尚可，总体 COP 为 5.85，但水系统输配能耗过低，水泵电耗已经超过了冷机电耗，拉低了冷站能效，使冷站 EER 只有 2.85。上海建科大厦实时用电情况如图 2.1-14 所示。

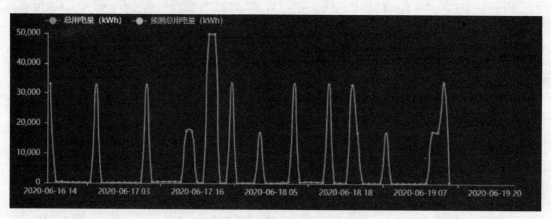

图 2.1-14　上海建科大厦实时用电情况

2. 用能诊断预测

经诊断，上海建科大厦在用能方面存在如下问题：

（1）冷源运行效率低；

（2）冷源大流量小温差；

（3）冷却水泵运行效率低；

（4）冷水泵运行效率低。

典型工况冷站总体及分项能效如图 2.1-15、图 2.1-16 所示。

冷水泵、冷却泵均安装有变频器，实际设置工频运行。在工频工况下，水泵工频开启流量为 363m³/h，同时系统供回水温差仅为 2.46℃。

（5）室内感觉闷

建筑室内二氧化碳浓度值高于 75% 分位值，说明该建筑可能存在室内"感觉闷"的现象。诊断结果平台截图如图 2.1-17 所示。

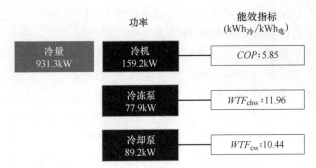

图 2.1-15　典型工况冷站总体及分项能效

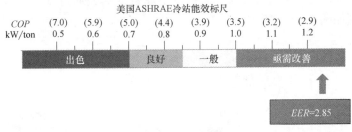

图 2.1-16　冷站能效标尺

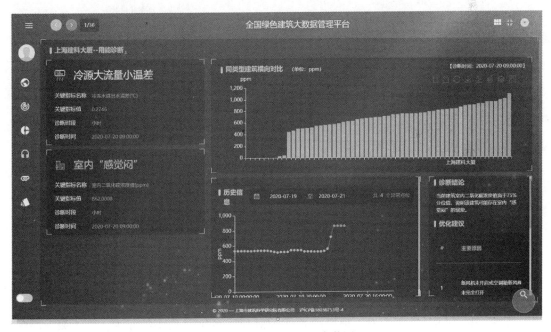

图 2.1-17　诊断结果平台截图

3. 用能系统优化运行

根据上述问题，当前的最优解决方案是在不进行大规模改造的前提下，通过控制策略的优化提升冷站的整体效率。

据此，利用一套基于一定知识的自学习空调控制策略优化方法，将设备运行数据、环境数据及电量数据接入工控机中，以自学习算法为指导，根据输入参数对其运行结果评估预测，决策设定机电系统控制参数并执行，记录反馈的运行收益，学习和修正调控策略，最终总结出针对该建筑的经验数据库，持续优化机电系统的后续运行。

项目主要包括两个系统的优化工作：通过优化冷水泵频率的方式对冷水系统进行优化；通过调节冷机开启台数及频率、冷却塔开启台数及风机频率、冷却泵开启台数及风机频率对冷却水系统进行整体优化，使得在满足室内人员舒适度要求的前提下，空调冷却侧耗电量（包括冷却泵、冷却塔及冷水机组能耗）及冷水泵侧耗电量最低。

本项目由一台工控机完成主要数据计算、储存及优化工作，其中位于设备机房的冷水机组、冷水泵变频器、冷却水泵变频器、冷却塔机组变频器及冷量计直接由通信线接入工控机。同时，室内安装 10 个温度传感器，用于检测室内温度，数据上传云端；室外温度由天气数据接口 api 接入。电力分项计量数据由原数据网关通过 TCP 直接转发给工控机组。项目组网图如图 2.1-18 所示。

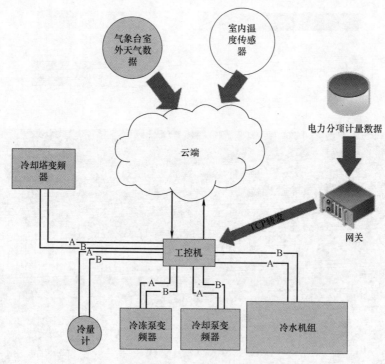

图 2.1-18　项目组网设计图

软件设置基本运行策略如下：

（1）系统基本自控策略

系统提供一键开机房功能。根据内置标准流程开启机房设备，即为：冷水泵—冷却泵—冷却塔—冷机及阀门。若其中某一步骤失败，则不能继续，需要根据提示检查相关设备。

系统默认每日早晨冷机全部开启，等到温度稳定后（温度单向变化率小于 5%，管路回水温度变化率小于 5%）则认为系统已经稳定，可适配台数优化策略。

系统稳定后，根据日程及室外湿球温度区间确认开启台数。若该日为周一或长假后第一个工作日，则机组依然保持全开。否则，根据室外湿球温度区间确定开启台数。若室外湿球温度大于 26℃，则 4 台机组全开。若湿球温度在 22～26℃范围内，则开启 3 台。否则，开启 2 台。

（2）冷水泵优化调频策略

该策略的目的是使得在满足末端舒适度的前提下，实现水泵系统能耗最低。针对系统内开启的两台冷水泵，策略设置如表 2.1-11 所示。

冷水泵优化调频策略　　　　　　　　　　表 2.1-11

调频策略原理	室内温度调节目标为 26.5℃。以最不利末端(二十四层北区温度和二十二层南区温度)的室内温度平均值作为室内温度反馈,使得水泵运行在能满足室内温度需求的最低频率范围内
观察变量	最不利末端室内平均温度、室内温度调节设定值、当前水泵频率、当前系统流量、当前供回水温差、当前室外干湿球温度
系统动作	增加/降低/维持不动水泵频率
奖励设计	奖励=动作后的水泵功率－动作前的系统功率
调节步长	1Hz
轮巡时间	20min
限制条件	水泵调频最高频率 48Hz,最低频率 35Hz; 若动作后室内最不利末端温度大于设定温度＋1℃,则进入保护控制,水泵频率升高至最大值,同时记录该步动作的奖励为负无穷

（3）冷却泵、冷却塔联合优化策略

在该策略下，用自学习程序控制，程序随机加频、减频（步长 3Hz），然后自动计算操作后的收益或损失，收益或损失根据冷却泵、冷却塔的能耗来计算。冷却泵、冷却塔优化调频策略如表 2.1-12 所示。

冷却泵、冷却塔优化调频策略　　　　　　　表 2.1-12

调频策略原理	程序随机加频、减频(步长 3Hz),然后自动计算操作后的奖励
观察变量	当前冷机开启组合、当前两器进出水温度、当前冷却泵频率、当前冷却塔风机开启台数和频率、实时冷量、当前室内温湿度、当前室外温湿度
系统动作	增减冷却塔频率; 增减水泵频率; 维持现状
奖励设计	奖励=冷机、冷却塔及冷却泵动作后整体功率－冷机、冷却塔及冷却泵动作前整体功率
调节步长	3Hz
轮巡时间	10min
限制条件	冷却泵最高频率限制为 48Hz,最低为 30Hz; 冷却泵加频前提条件:冷却泵频率小于 50;冷机在运行; 冷却泵减频前提条件:进塔水温小于或等于 39℃;冷却泵频率大于 30Hz; 冷机在运行,冷却塔最高频率限制为 48Hz,最低为 30Hz; 冷却塔加频前提条件:冷却塔风机频率小于 50Hz;冷机在运行; 冷却塔减频前提条件:进塔水温小于或等于 39℃;冷却塔风机频率大于 30Hz;冷机在运行

（4）冷机优化运行策略

该策略下，根据冷机出水温度设定值自动调节冷机开启台数和各台机组负荷率。冷机出水温度设定为 7℃。

当冷机开启时，若当前出水温度低于设定温度2℃，则进入待机状态；当冷机进入待机状态后，若出水温度大于设定温度3℃，则开启冷机。

2.1.4 实施效果评价

上海建科大厦的能耗监测范围涵盖建筑用电、用水、空调冷（热）量的监测、室内环境监测、建筑人员数量监测，监测种类全面，基本满足示范工程要求。

1. 基准工况

在无优化系统运行时，系统由运行人员手动开启和调节，各设备在不同负荷下的运行策略如表2.1-13所示。

基准工况运行策略   表 2.1-13

当日天气	冷机	冷却泵	冷冻泵	冷却塔
高温天气	尽量满负荷运行，不够就加：上班前开启4台全部冷机，如可以关闭一台则关闭一台机组，若所有运行冷机负荷率大于90%，则再开启一台机组，以此类推	冷却泵频率48Hz	冷冻泵频率48Hz	开启1号、2号冷却塔组，6台风机满频运行
其他天气		冷却泵频率48Hz	冷冻泵频率48Hz	仅开启2号冷却塔组，4台风机满频运行

2. 优化工况

系统通过寻优软件自学习，寻找系统各设备的最佳设定参数。在初始学习阶段的一周内，系统在自学习寻优过程中，设定参数逐渐变化，最后趋于稳定。

系统设定参数稳定后，通过2019年8月1日至9月20日40个工作日的运行，自学习形成的优化工况如表2.1-14所示：

优化工况运行策略   表 2.1-14

冷机	冷却泵	冷水泵	冷却塔
开启全部4台冷机，冷机自动变频运行，若负载低于30%则关闭一台冷机	冷泵自动变频运行，最低为30Hz	冷水泵自动变频运行，最低为35Hz	开启1号、2号冷却塔组，风机自动变频运行，最低为30Hz

经过实际运行发现，优化策略正常运行后，基准工况运行状态所有运行日期的总冷负荷为181283.89kWh，机房总耗电量61004.20kWh；同时所有优化工况的总冷负荷为178115.05kWh，机房总耗电量49613.07kWh。对比可得，在负荷接近的情况下，基准工况运行的总 EER 为2.97，优化工况的 EER 为3.59，能效提升20.87%。

2.1.5 可推广的亮点

通过对各类控制优化策略的分析和比较，选择了能利用已有运行数据，实现专家知识和机器学习相结合的方法。同时，通过对大量实际案例的总结分析，提炼出大量基础知识，有效使用既有专家知识。在此基础上，提出基于此方法的自学习分析策略表，利用自学习算法补足专家系统的不足，实现优化策略对于不同性质、不同工况下建筑系统的匹配，满足建筑实际需求，最终实现技术创新。

该方法在模拟运算中优化效果良好，且对设备性能衰减存在一定的适应能力，综合而言，相比传统方法，该方法具有如下优势：

（1）控制策略中可利用已有的运行数据和分项计量数据。在实际运行中，已有的 BA 系统运行数据和分项计量数据都可被有效利用，参与系统整体优化。

（2）减少现场工作量。该系统在运行优化过程中，一般情况下仅需要人员进行初始知识和参数的设定，实际优化动作中不需要人员的过多参与。

（3）对传感器精度和数量的需求降低。由于算法中采用了强化学习策略，可在有基本运行数据和电量数据的情况下优化。

（4）实现全局优化。算法直接和整个系统进行交互，可实现针对整个系统的优化。

（5）可结合当前已有知识。在应用系统时，工作人员会事先了解整个系统，从而给定系统初始知识，最大化利用已有物理知识和信息。

（6）策略可根据系统情况进行更新。算法中考虑了学习率，使得当系统内部发生变化（如设备老化、传感器偏差）后，该策略依然能在新的系统情况下对策略进行更新，寻找新的最优工况点。

综上，该系统具有较好的运行效果，具有推广价值。

精品示范工程实施单位：上海建科建筑节能技术股份有限公司

2.2 青岛万象城

2.2.1 项目概况

1. 楼宇概况

该项目位于青岛市市南区中央核心政务、商务区,紧邻青岛市政府,周边聚集众多金融、贸易企业及高档五星级酒店,项目南侧800m即一线海景广场"五四广场""奥帆基地"等5A级旅游景区,具有成熟的商务、商业环境。建筑总面积52.7万 m^2,购物中心44.4万 m^2,商业面积23.7万 m^2,空调面积17.3万 m^2。购物中心地上7层、地下3层。青岛万象城外观如图2.2-1所示。

图 2.2-1 青岛万象城建筑外观图

2. 用能概况

青岛万象城的能耗种类主要为电耗和水耗。电耗主要包括照明、各类用能设备、电梯、空调等,用能系统较为复杂,能耗量大。

青岛万象城原有的建筑能耗监管系统末端监测点布置如下:

(1) 地下总配电室电量监控系统:共监测924点位;

(2) 冷站冷机群控系统:共监测195点位;

(3) BA楼宇群控系统:共监测198点位;

(4) 建筑冷量监测系统:共安装1块冷量表计量建筑总冷量;

(5) 建筑热量监测系统:共安装6块热量表,热量表除计量市政总供暖量外,还分别计量万象城A区、B区、C区、地暖以及写字楼和公寓5个分区的热量。

(1) 电能使用情况

青岛万象城有专门的高压配电室,位于地下设备间,总进线为6路10kV市政高压供电,高压进线4路(G06,G15,G39,G47)供商业使用,两路为制冷站高压进线(G59,G65)供冷站高压冷机使用。商业4路高压进线经20台干式变压器(1AN1~

20AN1）降压为 380V 低压电。变压器低压侧基本按照分项计量的方式进行了电气回路的分配，各配电支路比较清晰，各区域照明、新风机组、水泵等均独立开关，冷站系统各项用电也比较独立，故对整个建筑可实现分项计量。该配电系统承担整个青岛万象城商业部分的全部用电负荷，且在高、低压侧均装有电量计量表，计量仪表采用多功能数显电力仪表（力控科技电力监控系统），可全面测试电压、电流、功率、有功电量等电力参数。

（2）空调使用情况

1）热站系统概况

青岛万象城采用市政热水供暖。换热站位于项目地下二层机房，采用市政供暖，其中分两路，一路供给办公楼及公寓，一路供给商业。冬季供暖控制策略为：A、B、C 三个区域二次侧供水温度设为 55℃，地暖设为 50℃，随着初寒到末寒期的天气变化，物业人员会适当调整二次侧供水温度。白天地暖区域开启 1 台水泵，A、B、C 区各开启 2 台水泵，均工频运行，夜间上述各分区均只开启 1 台水泵，40Hz 运行。BA 系统中有换热站系统界面，但对其只监不控，换热站内设置控制系统，手动运行，可调节水温和水泵频率（地暖泵未安装变频器）。换热站如图 2.2-2 所示。

图 2.2-2　换热站现场图

换热站共有 14 台热水循环泵，其中 A、B、C 区分别为 4 台，3 用 1 备，地暖 2 台，1 用 1 备，板式换热器共有 10 台，A、B、C 区分别为 3 台板式换热器，地暖 1 台板式换热器。各设备具体参数如表 2.2-1、表 2.2-2 所示。

热水循环泵参数表 表 2.2-1

区域	台数	流量(m³/h)	扬程(m)	电机功率(kW)	额定效率
A 区	3 用 1 备	251	32	37	59%
B 区	3 用 1 备	250	32	37	59%
C 区	3 用 1 备	178	37	30	60%
地暖	1 用 1 备	67	25	7.5	61%

板式换热器参数表 表 2.2-2

区域	台数	一次侧进口温度(℃)	一次侧出口温度(℃)	二次侧进口温度(℃)	二次侧出口温度(℃)	二次侧流量(m³/h)	换热量(kW)
A 区	3	90	60	50	60	580	6772
B 区	3	90	60	50	60	754	8795
C 区	3	90	60	50	60	558	6511
地暖	1	90	50	50	60	—	—

2)冷源系统基本概况

青岛万象城供冷时间为 5～10 月,商场开业时间为早上 10:00,冷站开机时间为早上 8:30。现冷机开机策略是根据末端负荷、客流量及室外温度变化调整开机台数(运行人员自行设定),所有冷机出水温度均设为 7℃,供回水温差一般保持在 4K 左右,远小于设计值 6K。原设计二次泵系统根据最不利点压差实现二次泵自动变频运行,均处于定频运行状态,机房及各设备外观如图 2.2-3 所示。

图 2.2-3 冷站机房及各设备外观图

青岛万象城冷站空调系统主要用能设备的基本信息如表2.2-3～表2.2-5所示。

冷水机组基本信息 　　　　　　　　　　　　　　　　　表2.2-3

类型	台数	制冷量(kW)	输入功率(kW)	运行电压	蒸发器流量(m³/h)	COP
高压离心冷机	4	6983	1264	10kV	999	5.52
低压离心冷机	2	1758	319	380V	251.64	5.51

注：蒸发器出口水温为7℃。

冷水泵/冷却水泵基本信息 　　　　　　　　　　　　　表2.2-4

类型	台数	流量(m³/h)	扬程(m)	电机功率(kW)	额定效率	备注
一次冷水泵	5用1备	1001	16	75	58%	高压机组
	2用1备	252	17	18.5	63%	低压机组
二次冷水泵	2用1备	309	25	30	70%	B区
	2用1备	310	32	37	73%	C区
	2用1备	775	27.5	90	64%	B区
	2用1备	320	24	30	70%	C区
	2用1备	758	31	90	71%	A区
冷却泵	5用1备	1415	36	185	75%	高压机组
	2用1备	356	36	55	63%	低压机组

冷却塔基本信息 　　　　　　　　　　　　　　　　　表2.2-5

类型	台数	流量(m³/h)	电机功率(kW)
开式冷却塔	5	1424	24×8.5
	2	630	15×3.7

注：冷却塔入口和出口的设计水温为36℃/31℃。

对冷量表和热量表进行了改造，增加1块冷量表以及6块热量表。冷量表计量冷站总管的冷量，热量表除计量市政总供暖量外，还分别计量万象城A区、B区、C区、地暖以及写字楼和公寓5个分区的热量，热量表安装位置如图2.2-4所示。

对电力监控系统做了改造，为确保接口数据的稳定性，接口开放由之前的OPC接口调整为MODBUS接口。由厂家完成接口变更，能耗平台单位也做相应的调整。楼宇自控系统为霍尼韦尔软件，经与厂家协调在Bacnet接口和obix接口中选择obix接口对接能耗平台。冷机群控系统开放bacnet接口，同时修改网络控制引擎的ID号，以便能耗平台能够采集到相应的冷站点位。

（3）用水情况

青岛万象城的建筑用水主要用于生活用水和消防，未安装水量监测系统。

（4）环境监测情况

CO_2监测：在三层中庭位置装有8个CO_2传感器，传感器采集数据后进入BA系统，BA系统通过Obix接口接到能管系统平台。

$PM_{2.5}$监测：在三层中庭位置装有8个$PM_{2.5}$传感器，传感器采集数据后进入BA系

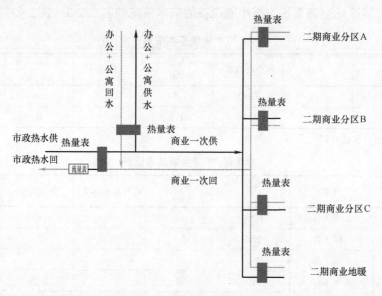

图 2.2-4 热量表安装位置

统，BA 系统通过 Obix 接口接到能管系统平台。

温度监测：在各层安装有温度监测点，共计 29 个点位，传感器采集数据后进入 BA 系统，BA 系统通过 Obix 接口接到能管系统平台。

2.2.2 实施情况

1. 总体方案概述

青岛万象城能耗监测末端系统包括建筑电耗、建筑热耗、建筑水耗和室内环境参数。能耗监测网络采用 485 现场总线实现对建筑能耗各类参数的监测，通过建筑能耗监测智能网关实现与建筑内部网络的连接。建筑能耗及环境参数通过建筑内部的智能网关基于 Internet 网络将数据上传到绿色建筑大数据管理平台。

智能网关的主要作用是实现多目标服务器的数据发送、数据自动存储、心跳包上传、即时故障诊断反馈、数据计算处理、定时上传、断点续传等功能，为现场数据的真实性、有效性、实时性、可用性提供保证。同时，实现对建筑内部能耗数据与 Internet 的连接，并以标准的 XML 格式将能耗监测数据上传到绿色建筑大数据管理平台的数据采集服务器，可以根据服务器端的 IP 地址接入任何数据监测平台。

青岛万象城建筑能耗监管平台作为"十三五"国家重点研发计划"基于全过程的大数据绿色建筑管理技术研究与示范"的精品示范工程项目，需实施的内容如下：

（1）建筑电耗计量：自动采集，总配电室和楼层配电间电表 145 块；

（2）建筑冷热耗计量：手动采集，空调冷热量表 7 块；

（3）建筑水耗计量：手动采集，建筑用水总表 1 块；

（4）建筑环境参数监测：自动采集，室内温度测点 29 个，二氧化碳测点 8 个，$PM_{2.5}$ 测点 8 个；

（5）建筑室内人员信息计量：手动采集，监测主要出入口。

2. 加装监测设备清单

青岛万象城数据均来自已有的能源管理系统，无加装监测设备。

3. 电能监测

（1）电量采集点

青岛万象城建筑能源管理系统已安装电量监测仪表，实现了用电的分项计量，电量监测系统共监测电量计量仪表 684 块。电能监测点位表如表 2.2-6 所示。

原平台能耗数据采集周期为 15min，平台显示数据周期最小为 1h，底层数据采集平台采集间隔可满足要求。

电能监测点位表　　　　　　　　　　　　　　　表 2.2-6

序号	回路名称	电表型号	回路数量
1	10kV 高压进线	SD96-EY3	6
2	变压器出线	SD96-EY3	20
3	LED 显示屏	SD72-EY3	1
4	备用回路	SD72-EY3	159
5	冰场后勤	SD72-EY3	1
6	冰场制冰站	SD72-EY3	2
7	10kV 高压冷机	SD96-EY3	5
8	低压空调制冷主机	SD72-EY3	2
9	一次冷水泵	SD72-EY3	9
10	二次冷水泵	SD72-EY3	15
11	空调末端设备	SD72-EY3	26
12	冷却泵	SD72-EY3	9
13	冷却塔	SD72-EY3	6
14	普通照明干线	SD72-EY3	37
15	强弱电机房	SD72-EY3	22
16	人防	SD72-EY3	2
17	生活水泵	SD72-EY3	2
18	电梯	SD72-EY3	28
19	扶梯	SD72-EY3	13
20	防排烟设备	SD72-EY3	1
21	防排烟设备及卷帘	SD72-EY3	90
22	停车场送排风	SD72-EY3	15
23	停车场照明及小动力	SD72-EY3	25
24	充电桩	SD72-EY3	8
25	地下室排污泵	SD72-EY3	30
26	物业用房	SD72-EY3	1
27	消防水泵	SD72-EY3	6
28	应急照明干线	SD72-EY3	52
29	预留（备用回路）	SD72-EY3	1
30	直供租户	SD72-EY3	19
31	租户配电干线	SD72-EY3	54
32	租户应急干线	SD72-EY3	13

（2）电量监测仪表技术参数

变电所内的回路电量原有仪表为带显示的多功能用电监测仪表（品牌为上海盛善和上海电能），可以采集三相电流，三相电压，电网频率，三相有功功率、无功功率、功率因数，三相有功电能、无功电能，通过485接线通信将数据传至电力监测系统。电量监测仪表安装和技术参数如图2.2-5、表2.2-7所示。

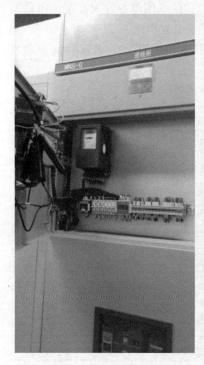

图 2.2-5　变电所电量监测末端仪表安装现场图

多功能电力仪表技术参数　　　　　　　　　　　　　　表 2.2-7

序号	参数	性能指标
1	输出参数	三相电流,三相电压,电网频率,三相有功功率、无功功率、功率因数,三相有功电能、无功电能
2	电流、电压精度	0.5 级
3	有功电能精度	0.5 级
4	无功电能精度	1 级
5	输出接口	RS 485 接口
6	通信规约	标准 MODBUS-TCP 通信规约

4. 空调能耗监测

（1）冷热量采集点

青岛万象城能源管理系统已安装有1块冷量表及6块热量表，冷量表计量商场冷站总供冷量，热量表除计量市政总供热量外，还分别计量万象城A区、B区、C区、地暖以及写字楼和公寓5个分区的热量。冷量表的数据接入冷站群控系统，并通过 BACnet OPC Server 接口程序上传至能耗采集系统，从而显示于能管系统。本项目直接通过程序对接，将冷量数据接入项目平台。空调冷热能监测点位表如表2.2-8所示。

空调冷热能监测点位表 表 2.2-8

序号	回路名称	能耗节点	原有/新增	表具品牌
1	建筑总冷量	建筑总耗冷量	原有	柏城
2	建筑总热量	建筑总耗热量	原有	柏城
3	A区热量	建筑分区热量	原有	柏城
4	B区热量	建筑分区热量	原有	柏城
5	C区热量	建筑分区热量	原有	柏城
6	地暖及写字楼热量	建筑分区热量	原有	柏城
7	公寓热量	建筑分区热量	原有	柏城

（2）冷热量表技术参数

青岛万象城能源管理系统采用超声波智能表（品牌为柏城）计量空调系统冷热量，该表采用管段式安装方式，监测累计用热量、流量、供回水温度等5项参数，其技术参数和安装位置示意图如图 2.2-6 所示。

1）冷热复合计量；

2）精度：2级；

3）485接口/M-BUS协议；

4）工作压力：2.5MPa；

5）工作电压：3.6V；

6）允许温度范围：4～95℃；

7）热表材质：铸铁/不锈钢可选；

8）安装方式：法兰连接。

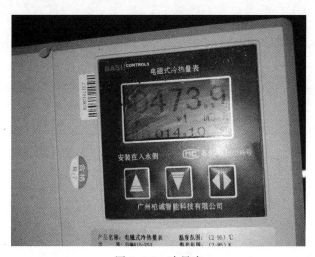

图 2.2-6　冷量表

5. 环境监测

（1）环境参数采集点

青岛万象城能源管理系统已有环境监测点，其中温度监测点 29 个，二氧化碳监测点 8 个，$PM_{2.5}$ 监测点 8 个。室内环境监测点位和传感器安装如表 2.2-9、图 2.2-7 所示。

青岛万象城室内环境监测点位表　　　　　　　　　　　　　表 2.2-9

序号	安装位置	能耗节点	原有/新增	表具品牌
1	RM-T-B1F-1	环境参数-温度	原有	Honeywell
2	RM-T-B1F-4	环境参数-温度	原有	Honeywell
3	RM-T-B1F-5	环境参数-温度	原有	Honeywell
4	RM-T-B2F-1	环境参数-温度	原有	Honeywell
5	RM-T-B2F-2	环境参数-温度	原有	Honeywell
6	RM-T-B2F-3	环境参数-温度	原有	Honeywell
7	RM-T-1F-2	环境参数-温度	原有	Honeywell
8	RM-T-1F-4	环境参数-温度	原有	Honeywell
9	RM-T-1F-5	环境参数-温度	原有	Honeywell
10	RM-T-2F-2	环境参数-温度	原有	Honeywell
11	RM-T-2F-3	环境参数-温度	原有	Honeywell
12	RM-T-2F-5	环境参数-温度	原有	Honeywell
13	RM-T-3F-1	环境参数-温度	原有	Honeywell
14	RM-T-3F-2	环境参数-温度	原有	Honeywell
15	RM-T-3F-3	环境参数-温度	原有	Honeywell
16	RM-T-3F-4	环境参数-温度	原有	Honeywell
17	RM-T-3F-5	环境参数-温度	原有	Honeywell
18	RM-T-3F-6	环境参数-温度	原有	Honeywell
19	RM-T-3F-7	环境参数-温度	原有	Honeywell
20	RM-T-3F-8	环境参数-温度	原有	Honeywell
21	RM-T-4F-2	环境参数-温度	原有	Honeywell
22	RM-T-4F-5	环境参数-温度	原有	Honeywell
23	RM-T-4F-8	环境参数-温度	原有	Honeywell
24	RM-T-5F-1	环境参数-温度	原有	Honeywell
25	RM-T-5F-2	环境参数-温度	原有	Honeywell
26	RM-T-5F-6	环境参数-温度	原有	Honeywell
27	RM-T-LG-2	环境参数-温度	原有	Honeywell
28	RM-T-LG-4	环境参数-温度	原有	Honeywell
29	RM-T-LG-5	环境参数-温度	原有	Honeywell
30	F3-CO_2-1	环境参数-CO_2	原有	昆仑海岸
31	F3-CO_2-2	环境参数-CO_2	原有	昆仑海岸
32	F3-CO_2-3	环境参数-CO_2	原有	昆仑海岸
33	F3-CO_2-4	环境参数-CO_2	原有	昆仑海岸
34	RM-CO_2-3F-1	环境参数-CO_2	原有	昆仑海岸

序号	安装位置	能耗节点	原有/新增	表具品牌
35	RM-CO_2-3F-2	环境参数-CO_2	原有	昆仑海岸
36	RM-CO_2-3F-7	环境参数-CO_2	原有	昆仑海岸
37	RM-CO_2-3F-8	环境参数-CO_2	原有	昆仑海岸
38	RM-$PM_{2.5}$-3F-1	环境参数-$PM_{2.5}$	原有	昆仑海岸
39	RM-$PM_{2.5}$-3F-2	环境参数-$PM_{2.5}$	原有	昆仑海岸
40	RM-$PM_{2.5}$-3F-3	环境参数-$PM_{2.5}$	原有	昆仑海岸
41	RM-$PM_{2.5}$-3F-4	环境参数-$PM_{2.5}$	原有	昆仑海岸
42	RM-$PM_{2.5}$-3F-5	环境参数-$PM_{2.5}$	原有	昆仑海岸
43	RM-$PM_{2.5}$-3F-6	环境参数-$PM_{2.5}$	原有	昆仑海岸
44	RM-$PM_{2.5}$-3F-7	环境参数-$PM_{2.5}$	原有	昆仑海岸
45	RM-$PM_{2.5}$-3F-8	环境参数-$PM_{2.5}$	原有	昆仑海岸

图 2.2-7　现场传感器安装位置

（2）环境监测设备技术参数

1）温度监测设备参数

适用范围/测量范围：$-40\sim100℃$（WWSZY-1A/1B），$0\sim100\%$RH；

测量精度：温度$\pm0.5℃$，相对湿度$\pm3\%$。

2）二氧化碳监测设备参数

适用范围/仪表工作环境温度：$0\sim50℃$；

仪表工作环境湿度：$10\%\sim90\%$RH；

CO_2 测量范围：$0\sim5000$ppm；

测量精度：±75ppm。

3）$PM_{2.5}$ 监测设备参数

适用范围/仪表工作环境温度：$5\sim45℃$；

仪表工作环境湿度：$0\sim90\%$RH；

$PM_{2.5}$ 测量范围：$0.3\mu m$ 以上粒子；

测量精度：≤±10％。

2.2.3 基于监测数据的分析预测

1. 用能评价分析

青岛万象城 2019 年用能情况分析如表 2.2-10、图 2.2-8 所示：

2019 年用电情况一览表 表 2.2-10

月份	总用电量(kWh)	占全年比例
1 月	3586583.40	8.90％
2 月	2871322.80	7.12％
3 月	3163471.80	7.85％
4 月	1444677.70	3.58％
5 月	1931919.70	4.79％
6 月	3662938.70	9.09％
7 月	4768028.70	11.83％
8 月	4936165.20	12.25％
9 月	4060532.70	10.07％
10 月	3493175.30	8.67％
11 月	3084482.20	7.65％
12 月	3307122.20	8.20％
合计	3586583.40	8.90％

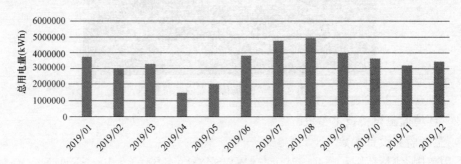

图 2.2-8 2019 年用电量一览

青岛万象城 2019 年分项用电情况如表 2.2-11、图 2.2-9 所示。

2019 年分项用电情况一览表（单位：kWh） 表 2.2-11

时间	租区	空调	照明插座	动力	消防	公共区域及其他
2019/01	2448727	309390	493609	124116	109424	101318
2019/02	1942055	249387	415993	107937	75061	80891
2019/03	2200512	233052	467246	115994	66605	80064
2019/04	1052357	53205	222951	56562	21088	38514
2019/05	1319144	211667	255049	72674	23407	49979
2019/06	2379727	617538	403892	124814	41350	95618

续表

时间	租区	空调	照明插座	动力	消防	公共区域及其他
2019/07	2825180	1197835	430554	136895	68231	109334
2019/08	2861156	1242411	435224	138752	127588	131034
2019/09	2453148	838163	424312	130306	93646	120959
2019/10	2321721	388883	452996	131695	86122	111758
2019/11	2213013	175757	439224	116943	47031	92514
2019/12	2350474	221746	472625	121177	54672	86428

图 2.2-9　2019 年分项用电一览

2. 用能诊断预测

通过对能耗数据的分析，青岛万象城在运行中存在如下问题：

（1）供热系统

1）供暖水泵运行能耗高

通过对能耗监测数据的分析，发现供暖水泵电耗较高，对供暖水泵进行现场性能测试，水泵效率均满足额定要求，但调研发现水泵出口阀门开度仅为 30%，如图 2.2-10 所示，仍存在工作点右偏的情况，详细测试结果如表 2.2-12 所示。

水泵测试结果　　　　　　　　　　　　　　　　　表 2.2-12

区域	工况	流量（m³/h）	扬程（m）	功率（kW）	效率（%）
地暖 1 号泵	额定	67	25	7.5	60.8
	实测	44.5	26.31	5.2	61.3
A 区 1 号泵	额定	251	32	37	59.1
	实测	260	23.5	26.9	61.8
B 区 1 号泵	额定	250	32	37	58.9
	实测	258	27.4	28.3	67.9
B 区 2 号泵	额定	250	32	37	58.9
	实测	253	27.4	30.6	61.6
C 区 1 号泵	额定	178	37	30	59.8
	实测	182	32.3	26.9	59.5
C 区 2 号泵	额定	178	37	30	59.8
	实测	187	32.3	27	60.9

图 2.2-10 水泵出口阀门开度示意图

2) 二次供水温度过高

通过平台监测数据发现,青岛万象城夜间热负荷大于寒冷地区同类型建筑单位指标值,且白天营业期间在早上 8:00 便开机供暖,能源消耗较大。出水温度控制在 55～60℃,实测同类型北方项目发现,在室内环境舒适度满足要求的情况下,出水温度可控制在 45～50℃之间,调试后降低出水温度,减少租户过量供热,减少公共区域拔风现象。

(2) 供冷系统

1) 冷机运行效率低

通过平台监测数据发现,青岛万象城冷机 COP 较低,电耗较高,对 2 号、3 号、5号和 6 号冷机进行了实测,如图 2.2-11 所示,图中圆圈大小代表供冷量多少

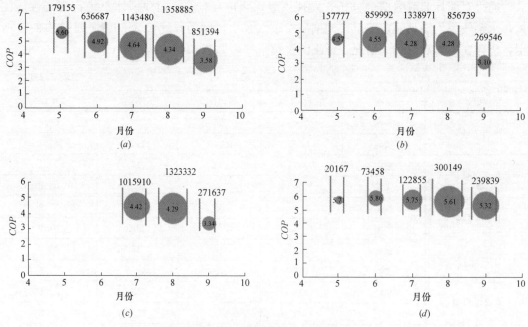

图 2.2-11 冷机实测参数与额定参数对比
(a) 2 号冷机;(b) 3 号冷机;(c) 5 号冷机;(d) 6 号冷机

（单位为 kW），横坐标是逐月的 *COP*，圆圈中心为冷机 *COP*，可以看出除了 6 号冷机外其他机组的 *COP* 均小于额定值（5.5）。

对全年蒸发、冷凝趋近温度取平均值，图 2.2-12 所示为 5 台冷机换热器的趋近温度，可以看到，2 号、3 号和 5 号冷机蒸发器侧的趋近温度均超过 2K，同时典型日对冷机两器趋近温度进行观察，发现趋近温度均超过 2K，影响冷机性能。

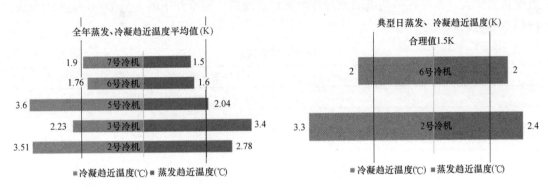

图 2.2-12　换热器趋近温度

2）冷水泵/冷却水泵运行效率低

通过平台监测数据发现，青岛万象城冷水泵/冷却水泵电耗较高，对 30 台水泵在工频下进行了性能实测并与设备样本进行对比，实测结果如图 2.2-13 所示，二次泵效率普遍偏低，现场实测发现水泵扬程偏高，流量偏小，偏离水泵正常工作点，经排查发现，水泵出口阀门开度仅有 50%，运行人员通过调节水泵进出口阀门开度来进行流量调节。建议清洗管网不合理阻力，降低水泵运行频率，打开水泵出口阀门。需要注意的是，运行频率的降低意味着末端供水量和供冷量的下降，因此在下调水泵频率的同时，应注意该水泵对应的公共区域环境温度是否偏高（可通过监测空调箱的回风温度实现），建议在每日室外气温较高的时间段（11：00～15：00）逐渐下调水泵的频率，当对应公共区域的环境温度达到 27℃以上时，停止下调，记录此时室外的环境温度和水泵的频率，经过多次调节后确定在不同室外环境温度下水泵合适的运行频率；联系厂家，对现有空调的自控系统进行精密调试，使得对应的二次水泵能够根据末端反馈的压差或供回水温差自动变频运行，避

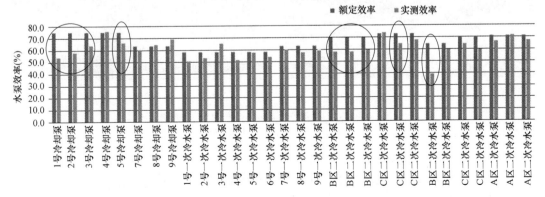

图 2.2-13　水泵测试结果

免操作人员根据经验手动设定水泵频率的现况。

3）冷却塔出力不足

通过平台监测数据发现，青岛万象城冷却塔电耗较高，对7台冷却塔进行了实测，实测结果如表2.2-13所示。可以看到，冷却塔工作状况较差，1号、2号冷却塔的逼近度偏大，效率和风水比均较低，风量偏小。而对于6号、7号冷却塔，尽管风水比较大，但逼近度依然偏大，即存在冷却塔间流量分配不均的现象，该冷却塔的水量偏小，建议增大该冷却塔入口的阀门开度。

冷却塔实测结果 表 2.2-13

冷却塔编号	效率	逼近度	风水比
1号	42%	5.9	0.8
2号	37%	5.0	0.8
3号	49%	3.1	1.2
4号	50%	4.6	0.9
5号	60%	3.2	1.4
6号	45%	4.5	6.7
7号	60%	3.4	3.3

在实测过程中，发现冷却塔布水不均，接水盘内铁锈较多，冷却塔周围由于排风口较多且空调室外机安装于冷却塔下方导致进风温度较高，严重影响冷却塔气流组织，如图2.2-14和图2.2-15所示。建议增加导流装置，避免室外机高温空气直接进入冷却塔入口，影响散热效果。

(a)　　　　　　　　　　　　　　　　　(b)

图 2.2-14　冷却塔布水不均有杂质

（a）布水不均；（b）大量铁锈

4）冷源大流量小温差

通过平台监测数据发现，青岛万象城冷水供回水温差均小于设计值（6K），且各个支路之间水力不平衡现象严重。由于末端阻力过大，导致水泵流量增加，水泵电耗增加。建议在夏季进行末端水力平衡调试工作，提高环境舒适度。

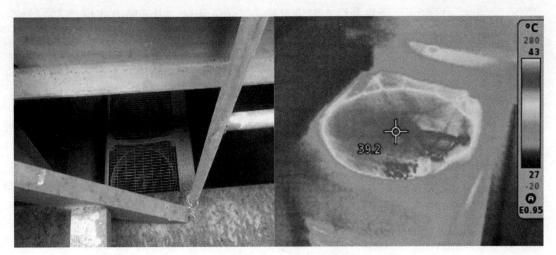

图 2.2-15　气流组织不佳

3. 用能系统优化运行

通过现场工作，对机电系统进行了整体优化调试，主要工作包括如下内容：

（1）供热系统

1）清洗管网、板式换热器，减小系统阻力，进行设备调试

在管网清洗后水泵流量变大，工作点右移，为保证水泵运行安全，先降低水泵频率再将水泵出口阀门全部打开，A 区由 50Hz 降频至 47.5Hz，B 区由 50Hz 降频至 45Hz，C 区由 50Hz 降频至 41.3Hz，各区流量均降低到额定流量，功率下降较为明显，且水泵效率有明显提升，通过降低水泵频率可以实现典型日水泵节省电耗 1089.2kWh（按照每日运行时间为 14h 计算，未包含夜间防冻供暖），调试结果如表 2.2-14 所示。

水泵调试结果　　　　表 2.2-14

区域	工况	流量（m³/h）	扬程（m）	功率（kW）	效率（%）
A 区 1 号泵	额定	251	32	37	59.1
	实测	265.5	23.8	26	66.1
A 区 2 号泵	额定	251	32	37	59.1
	实测	245.5	24.3	26	62.4
B 区 1 号泵	额定	250	32	37	58.9
	实测	239.5	21.9	22.4	63.7
B 区 2 号泵	额定	250	32	37	58.9
	实测	267.6	19.9	22.7	63.8
C 区 1 号泵	额定	178	37	30	59.8
	实测	207.7	19.8	16.6	67.4
C 区 2 号泵	额定	178	37	30	59.8
	实测	207.4	19.3	16.5	66.0

管网清洗后，在相近的流量下，各板式换热器压降有明显下降，板式换热器换热更加

均匀，如图 2.2-16 所示。清洗前后水泵流量均在工频下测试，由于阻力减小，清洗后流量明显变大，如图 2.2-17 所示。

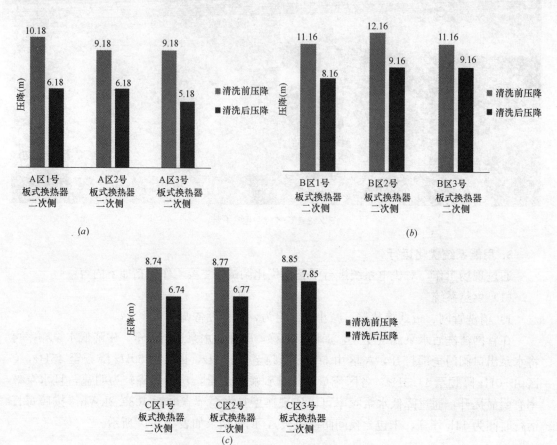

图 2.2-16 清洗前后板式换热器压降对比

（a）A 区板式换热器二次侧清洗前后压降对比；（b）B 区板式换热器二次侧清洗前后压降对比；

（c）C 区板式换热器二次侧清洗前后压降对比

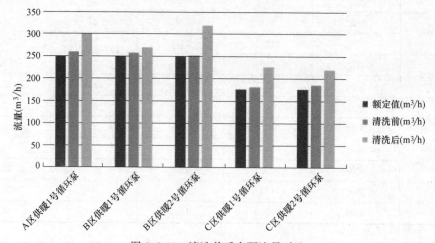

图 2.2-17 清洗前后水泵流量对比

2）排查漏热，加装保温，减少散热损失

经检查，板式换热器、管道以及阀件均未加装保温，存在多处漏热情况。管道保温性能良好可避免不必要的热量损失，据不完全统计，冷热站内板式换热器如不加装保温，导致的热量损失可占总供热量的1%~2%。现将所有板式换热器加装铠装保温（可拆卸，方便清洗），部分管道、阀件加装保温，共计10台板式换热器以及22个漏热阀件或漏热点，安装效果如图2.2-18~图2.2-20所示。

图 2.2-18　板式换热器铠装保温

图 2.2-19　过滤器保温

图 2.2-20　水泵联轴器保温

3）降低出水温度，确定根据室外温度控制的水温设置策略，减少租户过量供热

经过与物业管理人员沟通，B区出水温度无法降低的原因为某手机店要求供水温度不得低于60℃，为解决该问题，物业对该手机店进行系统独立改造。

一次网热源从热计量小室热表后取源，然后沿着干管来的方向穿过热计量小室，进入隔油器间。沿着干管方向向上穿过地下二层储藏室之后进入地下一层设备机房。然后进入板式换热器进行水水换热。一次网供/回水温度为90℃/60℃。二次网供/回水温度为60℃/50℃。手机店地下一层供热供回水管道沿着后勤通道走廊进入店内，接原供热管道。手机店LG层供热管道沿走廊进入地下一层水暖井，上返至LG层水暖井，然后沿走廊进入店内，接原供热管道。

（2）供冷系统

1）调试水力平衡，保证末端供水温差一致，解决冷热不均现象

采用热力平衡调试，根据实测流量和该管供回水温差，得出该管所需热负荷。用负荷除以目标温差，得出目标流量。把该管流量调至目标流量，最后用温差检验调试结果。

青岛万象城分为A、B、C三区共计15个管井，热力平衡调试后，保证所有末端供回水温差一致，解决冷热不均现象，提高末端环境场舒适度。水力平衡调试前管井回水温度

如图 2.2-21 所示，水力平衡调试后管井回水温度如图 2.2-22 所示。

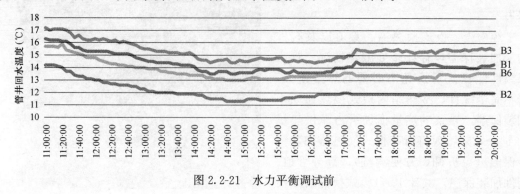

图 2.2-21　水力平衡调试前

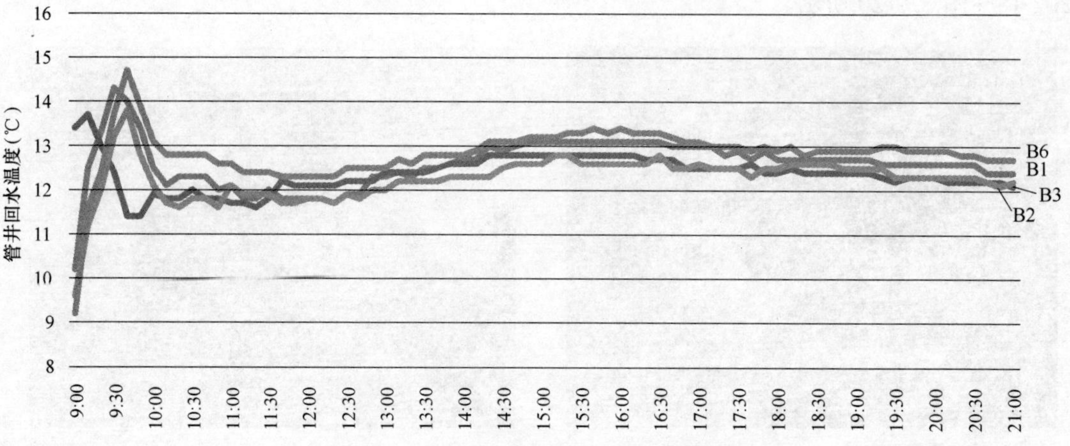

图 2.2-22　水力平衡调试后

2）降低二次泵频率，减少二次侧逆向混水，开机时增加冷机台数，保证冷机在高负载下运行

二次侧逆向回水与一次侧发生混水，导致实际供水温度过高，实质是二次侧流量大于一次侧流量，通过降低二次泵运行频率以降低二次侧流量。青岛万象城共有 5 个二次泵房，每个二次泵房水泵开启台数以及水泵开启频率如表 2.2-15 所示。

二次泵控制策略　　　　　　　　　　　　　　　　表 2.2-15

二次泵房	1 号 (Hz)	2 号 (Hz)	3 号 (Hz)	4 号 (Hz)	5 号 (Hz)
5 月 15 日～5 月 25 日	31	31	31	31	31
5 月 25 日～6 月 15 日	35	33	35	33	31
6 月 16 日～7 月 5 日	35	35	38	35	33
7 月 5 日～7 月 25 日	38	38	40	38	37
7 月 25 日～8 月 15 日	45	43	2 台 45	45	43
8 月 15 日～9 月 15 日	50	38	2 台 40	42	40
9 月 16 日～9 月 30 日	45	40	45	40	38
10 月 1 日～10 月 15 日	45	38	40	38	35

保证冷机均在高负荷率下运行，同时考虑二次泵系统为开机过程中的混水，早上开机时场内蓄热负荷较大，增加开机台数，避免逆流混水。冷机开机控制策略如表 2.2-16 所示。

冷机开机控制策略 表 2.2-16

日期 ＼ 策略 ＼ 时间	9:00～12:00	12:00～17:00	17:00～21:00
5 月 20 日～5 月 25 日	一小（10:00 开机）	一小	一小（19:00 停机）
5 月 25 日～5 月 31 日	两小（10:00 开机）	一小	一小（20:00 停机）
6 月 1 日～6 月 20 日	两小	两小	两小
6 月 21 日～6 月 30 日	一大	两小	两小
7 月 1 日～7 月 10 日	两大	一大	一大
7 月 10 日～7 月 20 日	两大	一大	一大+两小
7 月 21 日～7 月 27 日	两大	一大	两大
7 月 28 日～8 月 20 日	两大	两大	两大
8 月 21 日～9 月 10 日	一大+两小	一大+两小	一大+两小
9 月 11 日～9 月 20 日	一大+两小	两小	两小
9 月 20 日～10 月 10 日	免费板式换热器	两小	两小

3）提高冷机出水温度

解决二次泵逆向混水后，一、二次侧流量相等，供水温度大幅度降低，可以提高冷机出水温度，提高冷机效率，冷机出水温度控制策略如表 2.2-17 所示。

冷机出水温度控制策略 表 2.2-17

日期	出水温度(℃)	室外温度(℃)
5 月 15 日～5 月 31 日	12	18～24
6 月 1 日～6 月 20 日	11	23～26
6 月 20 日～6 月 30 日	10	25～27
7 月 1 日～7 月 15 日	9	26～28
7 月 15 日～7 月 25 日	8	28～30
7 月 25 日～8 月 21 日	7	30～33
8 月 22 日～9 月 10 日	8	28-31
9 月 11 日～9 月 25 日	9	26～28
9 月 26 日～10 月 10 日	10	20～25

2.2.4 实施效果评价

1. 供暖系统调试效果

（1）通过对热站水系统管路、阀件及板式换热器等进行清洗，减小管网阻力，使得水泵流量增加，因此可通过降低水泵频率来降低水泵流量，减小流量突然增加导致烧泵的风险。在保证供热量不变的情况下，通过降低水泵频率可实现典型日节省水泵电耗1089.2kWh，根据能耗平台数据计算，则整个供暖季（2017年11月～2018年4月相比2016年11月～2017年4月）节约电耗17.4万kWh，同比下降35%。

（2）通过对换热站水系统管路性能优化，降低二次侧出水温度，水力平衡调试以及减少管网漏热损失并结合围护结构封堵、新风优化等措施，根据实际现场抄表数据计算，整个供暖季（2017年11月～2018年4月相比2015年11月～2016年4月）共节省供热量为27260GJ，降幅达到33.5%。该项目逐年热站供热量优化结果如图2.2-23所示。

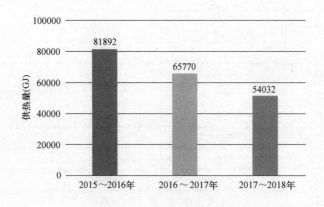

图2.2-23 项目逐年热站供热量优化结果

2. 供冷系统调试效果

（1）冷站能效提升

通过对冷站系统调试及控制策略优化，典型日实测冷站 EER 由3.86提升到4.65，青岛万象城冷站的关键KPI如图2.2-24所示，冷站 EER 如图2.2-25所示。

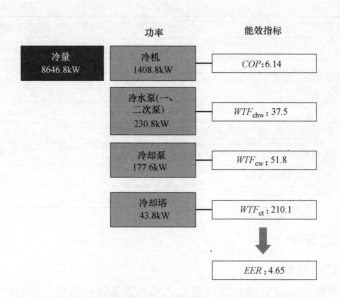

图2.2-24 典型日冷站关键KPI

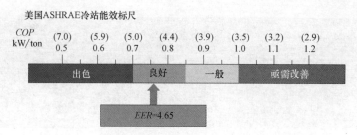

图 2.2-25 冷站 *EER* 标尺

通过对整个供冷季的全面调试，根据能源管理系统监测数据，冷站全年平均 *EER* 从 2.6 上升到 4.1，能效提升 58.3%。

（2）节能量

通过对冷站的调试以及控制策略优化，冷站在冷量上涨 34.7% 的情况下（2018 年全年冷量为 1374.8 万 kWh，2017 年全年冷量为 1020.8 万 kWh），共实现冷站节能电耗 58.7 万 kWh（2018 年冷站全年电耗 393.8 万 kWh，2017 年冷站全年电耗 335.1 万 kWh），电耗下降 14.9%，2017 年夏季与 2018 年夏季冷站用电量和逐日冷量对比如图 2.2-26、图 2.2-27 所示。

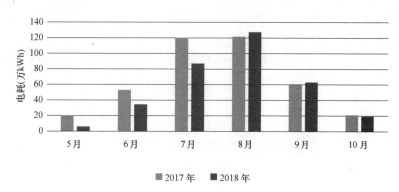

图 2.2-26 2017 年和 2018 年冷站用电量对比

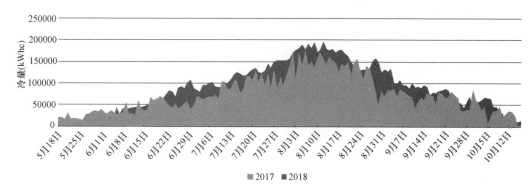

图 2.2-27 2017 年和 2018 年冷站逐日冷量对比

青岛万象城建筑能耗监测平台的能耗监测范围涵盖了建筑用电、用水、空调冷（热）量的监测、室内环境监测、建筑人员数量监测，监测种类全面，基本满足示范工程要求。实时单位建筑面积电耗指标如图 2.2-28 所示。

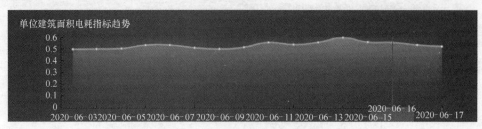

图 2.2-28 实时单位建筑面积电耗指标

2.2.5 可推广的亮点

1. 全过程管理

青岛万象城项目从计划、施工至数据上传、用能评价、问题诊断以及现场优化，对建筑机电系统进行了全局化、综合化、一体化、智能化的全过程管理，达到了智慧管理、节能降耗的目的，具有一定的推广价值。

2. 优化运行

通过对实际项目的经验总结和现场实践，基于内因和外因分析的内外协调的复杂空调系统节能运行调节方法，对冷站的各个系统均适用。通过该方法，可在现有冷站运行水平上实现 20% 的节能量。

精品示范工程实施单位：上海建科建筑节能技术股份有限公司

2.3 天津医科大学总医院第三住院楼

2.3.1 项目概况

1. 楼宇概况

天津医科大学总医院坐落于天津市和平区鞍山道 154 号，是一所集医疗、教学、科研、预防为一体的综合性大学医院和三级甲等医院。天津医科大学总医院第三住院楼（简称"第三住院楼"）2010 年竣工，2011 年正式投入使用，总建筑面积 113109m²，地上 22 层，地下 2 层。第三住院楼建筑外观如图 2.3-1 所示。

图 2.3-1 第三住院楼建筑外观图

2. 用能概况

第三住院楼主要能源消耗种类有电力、热力、自来水。主要用能系统包括变配电系统、空调系统、照明系统、供暖系统、医疗办公设备等。第三住院楼主要能源结构图如图 2.3-2 所示。

电力：由市政电力统一供给，2014～2017 年第三住院楼平均每年从社会电网购电 1279.93 万 kWh，重点耗电系统包括照明系统、空调系统、供暖系统及医疗办公设备。

自来水：2014～2017 年共计消耗自来水 49.71 万 m³，平均每年消耗自来水 12.43 万 m³，自来水消耗主要用于住院楼用水及供热空调系统补水。

天然气：锅炉房消耗天然气制备生活热水并提供过渡季供暖所需热力。第三住院楼无炊事设施，所使用的生活热水和过渡季供暖热水等都由医院总锅炉房输送而来，无天然气消耗。

市政热力：主要用于冬季住院楼供暖。

第三住院楼未对室内外环境和人员信息情况进行监测。

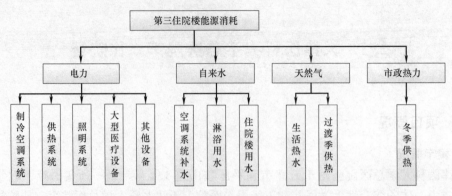

图 2.3-2　第三住院楼主要能源结构图

（1）电能使用情况

第三住院楼原各配电柜都配有计量电表，但是都不具备远传功能，计量体系不完善，同时缺乏有效的数据记录。目前第三住院楼对大楼总的电耗和水耗进行了能源消耗计量，主要作为收费的依据。制冷机房冷水机组、循环水泵、冷却塔消耗的电量及照明系统消耗电量有单独的数据记录，主要采用人工抄表方式。

（2）空调使用情况

第三住院楼共有 3 台冷水机组，正常情况下仅开启一台，供冷初末期开启 K1 机组，供冷中期开启 K2 或 K3 机组。机组每天的运行时长依据负荷情况确定，供冷初末期每天仅白天较热时段开启机组，供冷中期机组 24h 运行。冷水泵共 3 台，互为备用，正常运行中开启两台。冷却水泵共 6 台，每 2 台对应 1 台冷水机组，当对应机组开启时，相应的两台冷却水泵均开启。制冷系统的设备清单如表 2.3-1 和表 2.3-2 所示，制冷系统设备如图 2.3-3 所示。

第三住院楼制冷机组设备清单　　　　　　　　　　　　　　表 2.3-1

机组编号	K1	K2/K3
厂家	开利	开利
型号	19XRV70714W6LHH52	19XR70714W6LHH52
台数	1	2
名义制冷量（kW）	3332	3516
额定功率（kW）	620	627
冷水出口温度（℃）	6	7
冷却水进口温度（℃）	32	32
制冷工质	R134a	R134a

第三住院楼制冷系统循环水泵设备清单　　　　　　　　　　表 2.3-2

循环水泵	冷水	冷却水
厂家	格兰富	格兰富
型号	A97680652P110150003	A97680653P110150002

续表

流量(m³/h)	420	375
扬程(m)	32	32
功率(kW)	55	55
台数	3	6
备注	互为备用	每2台对应1台冷水机组

图 2.3-3 制冷系统设备

（3）用水情况

生活给水由第三住院楼地下一层的生活供水水箱、水泵统一供应，每层公共卫生间、各科室病房洗手间等均有出水点。生活热水由地下一层热水机房统一供应，热水系统补水来自市政水，各楼层淋浴室均有出水点。

根据节水改造方案，原系统规划加装19块智能水表及3个数据采集箱，其中生活给水表5块、热水表5块、空调机房补水表1块、中水表1块、中水补水表2块、冷水总管表1块、冷却塔补水表1块、食堂用水表3块，除冷却塔补水表暂不考虑远传采集之外，其他18块智能水表均要求接入能耗分项计量系统中，实现远传采集分析。第三住院楼节水改造用水计量表具主要安装在地下一层及地下二层，共计19个水计量点，如表2.3-3所示。

用水计量点 　　　　　　　　　　　　　　　　　　　　　　表 2.3-3

序号	加表部位	水表位置	公称直径	备注
1	中水总管	中水泵房外	DN150	—
2	冷却塔补水	室外冷却塔处	DN100	安装在室外、不考虑远传采集
3	空调机房补水	空调机房内	DN150	—
4	中水事故补水1	中水泵房内	DN150	—
5	中水事故补水2	中水泵房内	DN150	—

续表

序号	加表部位	水表位置	公称直径	备注
6	冷水总表	中水泵房外	DN150	进生活泵房总管
7	低区供水	生活给水泵房内	DN150	—
8	中区减压供水	生活给水泵房内	DN100	—
9	中区供水	生活给水泵房内	DN100	—
10	高区减压供水	生活给水泵房内	DN150	—
11	高区供水	生活给水泵房内	DN100	—
12	低区热水补水	热水泵房内	DN100	—
13	中区减压热水补水	热水泵房内	DN100	—
14	中区热水补水	热水泵房内	DN100	—
15	高区减压热水补水	热水泵房内	DN100	—
16	高区热水补水	热水泵房内	DN100	—
17	食堂冷水供水	地下一层食堂	DN80	—
18	食堂热水供水	地下一层食堂	DN65	—
19	食堂冷水回水	地下一层食堂	DN40	—

2.3.2 实施情况

1. 总体方案概述

第三住院楼作为典型医院类大型公共建筑，能耗特点典型，电气回路分项清楚，适合作为精品示范项目。但是目前建筑能耗监测系统建设不完全满足示范项目要求，需要改造。根据精品工程示范要求，示范项目应自动采集建筑入口各类能源资源消耗总量、供冷、供暖、照明等分项能耗及冷水机组等重点设备能耗。

建筑能耗监测管理平台主要功能架构如图 2.3-4 所示。

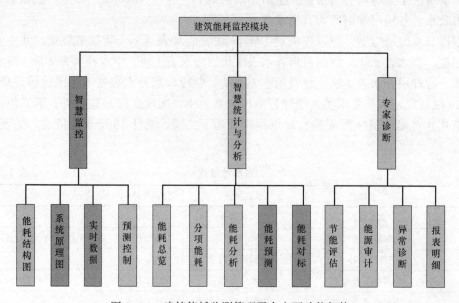

图 2.3-4 建筑能耗监测管理平台主要功能架构

根据精品示范工程项目采集要求，第三住院楼作为示范项目尚需要增加部分电能计量、室内环境监测以及人流量监测设备。同时，为了实现数据的采集传输，要对医院原有电表系统进行通信改造，建设采集传输系统。室内环境监测方面，第三住院楼建筑面积 $113109m^2$，应布置环境采样点 12 个。

2. 加装监测设备清单

加装主要监测设备清单如表 2.3-4 所示。

加装主要监测设备清单 表 2.3-4

序号	设备名称	设备品牌	设备型号	设备数量	作用
1	智能电表	斯菲尔	—	45	电量监测
2	CO_2 传感器	HSTL-CO$_2$	HSTL-CO$_2$	12	数据传输
3	PM$_{2.5}$ 传感器	HSTL-PM$_{2.5}$	HSTL-PM$_{2.5}$	12	人流量监测
4	室外温湿度传感器	QFA3160＋AQF3100	QFA3160＋AQF3100	1	室外温湿度监测
5	室内温湿度传感器	VTH4(485 输出)	VTH4(485 输出)	14	室内温湿度监测
6	采集网关	CABR	—	1	数据传输
7	人流量监测	恩能	icounter	1	人流量监测
8	超声波冷热量表(外夹式)	大连海峰	TDS-100R	2	总冷量及总热量计量

3. 电能监测

用电量方面，第三住院楼共监测了 6 个回路的总电量，包括受总 1、受总 2、受总 3、受总 4、受总 5 和受总 6。受总 1 回路包括对电梯、地下食堂、主楼动力用电等的监测；受总 2 回路包括对医疗设备、制氧站等用电的监测；受总 3 包括对裙房动力、主楼照明等用电的监测；受总 4 包括对裙房动力备用电源、消防控制室备用电源等用电的监测；受总 5 包括对中水泵房、裙房消防电源等用电的监测；受总 6 包括对中水泵房备用电源、裙房消防备用电源灯用电的监测。电计量表安装位置如图 2.3-5 所示。

供冷方面，对冷水机组、除湿设备、循环水泵、冷源侧辅助设备（如冷却塔、冷却水泵）和末端输送设备（如空调箱、新风机）等的用能进行了监测。冷量表安装位置如图 2.3-6 所示。

图 2.3-5　电表安装位置

图 2.3-6　冷量表安装位置示意图

供热方面，对循环水泵、热源侧辅助设备（如热网换热水泵）和末端输送设备（如空调箱、新风机）等的用能进行了监测。供热变频柜位置示意图如图 2.3-7 所示。

图 2.3-7　供热变频柜位置示意图

4. 空调冷热量监测

根据空调系统运行状况及管路布置情况，第三住院楼设置冷热计量点 2 个，分别计量第三住院楼总供冷供热量，如表 2.3-5 所示。冷量表现场安装如图 2.3-8 所示。

冷热量计量点　　　　　　　　　　　　　　　　　　　　表 2.3-5

序号	名称	位置	安装支路	安装方式
1	冷量表	空调机房内	冷水回水总管	外夹
2	热量表	空调机房内	供热热水回水总管	外夹

图 2.3-8　冷量表现场安装

5. 环境监测

根据《示范工程动态数据采集要求》的规定，精品示范项目的环境温度、湿度、二氧化碳浓度、$PM_{2.5}$ 浓度都要自动采集，第三住院楼建筑面积 $113109m^2$，应布置环境采样点 12 个。

本项目对建筑室外环境及室内部分主要功能区环境进行了监测，安装室外温湿度采集器1个、室内温湿度采集器14个，CO_2 传感器12个，$PM_{2.5}$ 采集器12个。具体安装位置如表2.3-6、表2.3-7所示，现场照片如图2.3-9～图2.3-11所示。

室内温湿度采集器安装位置 　　　　　　　　　　　表2.3-6

序号	楼层	分区	房间号	房间功能
1	1	C	—	八部电梯厅
2	1	—	—	出入院大厅
3	1	—	—	核磁登记室
4	3	C	—	八部电梯厅
5	6	A	612	31床大套间
6	6	B	610	27床大套间
7	10	B	1010	27床大套间
8	13	A	1312	31床大套间
9	13	B	1310	27床大套间
10	16	A	1630	示教室
11	16	B	1630	示教室
12	20	A	2002	作业治疗室
13	20	B	2002	运动治疗室
14	22	A	2203	临床神经病理室3

图2.3-9　室外温湿度采集器安装位置

图2.3-10　室内温湿度采集器安装位置（一）

图2.3-11　室内温湿度采集器安装位置（二）

$CO_2/PM_{2.5}$ 传感器/采集器安装位置 表 2.3-7

序号	功能	位置	通信方式	箱子位置
1	CO_2	一层核磁共振室外	4～20mA	一层
2	CO_2	一层出入院厅	4～20mA	一层
3	CO_2	一层八部电梯厅	4～20mA	一层
4	CO_2	三层八部电梯厅	4～20mA	一层
5	CO_2	十五层 B 区病房 1～2 床	4～20mA	十六层
6	CO_2	十五层 B 区护士站	4～20mA	十六层
7	CO_2	十五层 C 区办公室	4～20mA	十六层
8	CO_2	十五层八部电梯厅	4～20mA	十六层
9	CO_2	十七层 B 区病房 36 床	4～20mA	十六层
10	CO_2	十七层 B 区护士站	4～20mA	十六层
11	CO_2	十七层 C 区办公室	4～20mA	十六层
12	CO_2	十七层八部电梯厅	4～20mA	十六层
13	$PM_{2.5}$	一层核磁共振室外	4～20mA	一层
14	$PM_{2.5}$	一层出入院厅	4～20mA	一层
15	$PM_{2.5}$	一层八部电梯厅	4～20mA	一层
16	$PM_{2.5}$	三层八部电梯厅	4～20mA	一层
17	$PM_{2.5}$	十五层 B 区病房 1～2 床	4～20mA	十六层
18	$PM_{2.5}$	十五层 B 区护士站	4～20mA	十六层
19	$PM_{2.5}$	十五层 C 区办公室	4～20mA	十六层
20	$PM_{2.5}$	十五层八部电梯厅	4～20mA	十六层
21	$PM_{2.5}$	十七层 B 区病房 36 床	4～20mA	十六层
22	$PM_{2.5}$	十七层 B 区护士站	4～20mA	十六层
23	$PM_{2.5}$	十七层 C 区办公室	4～20mA	十六层
24	$PM_{2.5}$	十七层八部电梯厅	4～20mA	十六层

6. 人员监测

人员监测方面，第三住院楼采用微信定位技术，通过定位 SDK 技术产品，对在建筑中使用微信的人员数量进行统计，发送定准成功率能够保证在 99% 左右，服务保障率能够保证在 99.99% 左右。

2.3.3 基于监测数据的分析预测

1. 用能评价分析

对第三住院楼 2017～2019 年能源及资源消耗进行了数据统计及分析，主要包括用电量、用水量以及耗冷热量，如表 2.3-8 所示。

第三住院楼能源消耗总量情况   表 2.3-8

年份	能源名称	单位	消耗量	折合标煤(tce)
2017	电力	kWh	14775040	4609.81
	自来水	m³	166650	—
2018	电力	kWh	26608876	8301.97
	自来水	m³	162777	—
2019	电力	kWh	27410320	8552.02
	自来水	m³	112735	—

（1）电耗量

2019 年逐月耗电量分析如图 2.3-12 所示，可以看出第三住院楼夏季用电量高、过渡季节用电量较低。由于 6～9 月为空调运行时间，8 月气温较高，空调运行时间最长，故 8 月耗电量较大，5 月温度适宜，耗电量最少。由此可见，暖通空调用电是第三住院楼电力消费中最为重要的组成部分，具有一定的节能潜力。

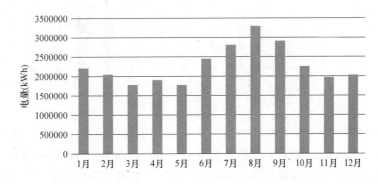

图 2.3-12　2019 年逐月耗电量对比图

（2）耗冷量

2018 年 8 月 3 日～8 月 5 日制冷系统供冷量分析如图 2.3-13 所示。第三住院楼制冷机组的性能系数 COP 为 5.82，符合《天津市公共建筑节能设计标准》DB 29—153—2014 对冷源性能的要求，高于标准规定的限值 5.8。同工况下，消耗同样的电，COP 越大，制冷量越多。

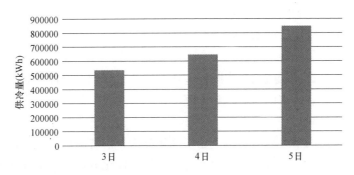

图 2.3-13　2018 年 8 月 3 日～8 月 5 日制冷系统供冷冷量对比图

（3）耗热量

根据第三住院楼能源监控系统，2019年共消耗市政热力 20227.97GJ，折合 690.20tce，则年单位面积耗热量为 6.1 kgce/(m² · a)。耗热量占综合能耗量的 7%左右。根据《天津市公共建筑能耗标准》DB/T 29—249—2017 对于不同类型公共建筑供暖能耗指标以及非供暖能耗指标的规定，针对三级医院建筑，其供暖能耗指标的约束值为 21.0kgce/(m² · a)，引导值为 12.5kgce/(m² · a)，由此可知，第三住院楼 2019年单位面积供暖能耗低于引导值。

（4）耗水量

2019年各月耗水量分析如图 2.3-14 所示。由于夏季空调开启时间较长，冷却塔补水较多，可以看出第三住院楼 7~9月用水量最高。

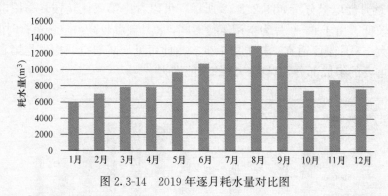

图 2.3-14　2019年逐月耗水量对比图

第三住院楼 2019年全年用水量为 112735m³，根据现行国家标准《民用建筑节水设计标准》GB 50555 中给出的医院住院部节水用水定额，设单独卫生间的病房每床位每日为 220~320L，医务人员每人每班（8h）为 130~200L。按第三住院楼共 1200 个床位，医务人员每天白班 800 人，夜班 200 人考虑，根据节水用水定额计算，全年第三住院楼消耗的生活用水量为 143810~213160m³。此估算数据中尚不包括医疗用水及流动人员用水。由第三住院楼 2019年用水量与按规范中用水定额估算的用水量对比可知，第三住院楼全年实际用水量低于估算用水量的下限值。

2. 用能诊断结果

2020年6月22日，第三住院楼室内"感觉闷"，通过实时诊断室内二氧化碳浓度，得出该建筑与同类型建筑室内二氧化碳浓度的对比，以及该建筑历史二氧化碳浓度变化趋势，找出历史异常点，如图 2.3-15、图 2.3-16 所示。

通过对比分析，得出诊断结论：

当前建筑室内二氧化碳浓度值高于 75%分位值，说明该建筑可能存在室内"感觉闷"的现象，同时参考风机（新风机）实际耗电比指标，可得到发生此现象的主要原因为：

（1）新风机未开启或空调箱新风阀未完全打开（建议优化方法：根据室内需求开启新风机组或空调箱新风阀）。

（2）新风机或空调箱过滤网堵塞（建议优化方法：清洗新风机或空调箱过滤网）。

（3）新风机或空调箱运行参数设置不合理（建议优化方法：调节新风机或空调箱设置运行参数）。

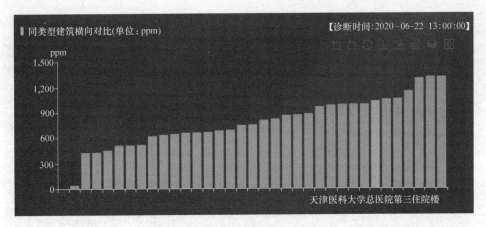

图 2.3-15　第三住院楼与同类型建筑室内二氧化碳浓度的对比图

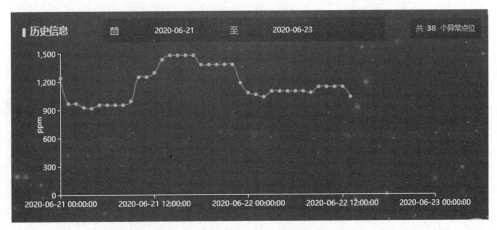

图 2.3-16　第三住院楼二氧化碳浓度变化异常点位

（4）未开启空调系统时室内自然通风不畅（建议优化方法：在空调未开启的情况下，适当开窗通风）。

通过绿色建筑大数据管理平台对第三住院楼进行的诊断汇总，诊断该建筑冷源运行综合效率低、系统冷冻水出水温度不合理、冷却塔出力不足、室内"感觉闷"、公共区域照明单位电耗偏高等问题，诊断汇总如图 2.3-17 所示。

3. 用能系统优化运行

为确保第三住院楼用能系统科学、节能地运行，对主要用能系统采取以下优化节能措施：

（1）采用 LED 节能灯及智能灯控系统，共计使用 29275 只 LED 灯具。

（2）采用能源监测管理平台，使用电、水、热计量器具，以有线方式实现数据采集，建立能源监测管理平台，实现对第三住院楼用能数据的统计、分析以及对异常能耗的报警等。

（3）利用智能化控制系统对暖通空调系统增加温度、压力、流量检测装置及变频控制装置，建立集中统一的智能冷热源控制系统，适时自动调节空调系统设备运行参数，实现

天津医科大学总医院第三住院楼 诊断汇总

序号	现象名称	分类	关键指标名称	诊断时段	诊断方式	最新关键指标	最新诊断时间	历史	次数与排名分布
1	冷源运行综合效率低	暖通空调系统-供冷系统	冷机运行SCOP	时	箱线图下四分位判断	0.0000	2020-06-22 14:00:00	查看	查看
2	空气源热泵制热效率低	暖通空调系统-供暖系统	空气源热泵机组制热效率COPr值	时	箱线图下四分位判断	-	-		查看
3	热水泵运行效率低	暖通空调系统-供暖系统	热水泵输配系数	时	箱线图下四分位判断	-	-		查看
4	冷机群"大马拉小车"	暖通空调系统-供冷系统	冷机群月平均负载率(%)	月	中位值以下	-	-		查看
5	冷源大流量小温差	暖通空调系统-供冷系统	冷冻水进出水温差(℃)	时	箱线图下四分位判断,同时判断另一参数	-	-		查看
6	冷机运行效率低	暖通空调系统-供冷系统	冷冻机组运行效率	时	箱线图下四分位判断	0.5000	2020-06-17 08:00:00	查看	查看
7	系统冷冻水出水温度不合理/蒸发侧换	暖通空调系统-供冷系统	冷冻水供水温度(℃)	时	箱线图下四分位判断	-	-		查看
8	冷凝侧换热效率低	暖通空调系统-供冷系统	冷却水进出水温差(℃)	时	箱线图上四分位判断	-	-		查看
9	冷却塔出力不足	暖通空调系统-供冷系统	冷却塔效率&冷却塔排热系数	时	判断两次下四分位	-	-		查看
10	冷却水泵运行效率低	暖通空调系统-供冷系统	冷却水输送系数	时	箱线图下四分位判断	-	-		查看

图 2.3-17 全国绿色建筑大数据管理平台诊断汇总

系统的节能优化运行，同时建设空调系统可视化监控平台。

2.3.4 实施效果评价

为了实现建筑的节能运行，第三住院楼在照明系统、暖通空调系统采用了相关节能措施，并建造了能源监测管理平台。

1. 采用 LED 节能灯及智能灯控系统

第三住院楼所有公共区域及病房区域采用 LED 节能灯，并安装了智能灯控系统，能够实现基本的智能控制。

采用智能照明控制系统可实现照明系统集中控制、分层分区域控制、定时控制等多种控制方式，使照明系统工作在全自动状态，系统将按预先设置切换若干基本工作状态。就地智能照明控制站设置在住院护士管理区，实现就地分控，在控制室设智能照明控制系统，实现集中控制。

经过计算对比，可得出第三住院楼采用 LED 节能灯具及智能灯控系统后的节电量，折合每天节电量为 1585kWh，节能效果显著。

2. 建立能源监测管理平台

在完成能源计量及数据采集后，建立能耗监测管理平台，增加相应硬件设备及分析软件，最终通过信息化系统完成数据采集、数据处理、实时监测、能耗预警、统计分析等功能。

建筑能耗监测管理平台的功能主要为智慧监控、智慧统计与分析、专家诊断三大模块。智慧监控模块功能分为：能耗结构图（建筑能耗实时监测）、系统原理图（空调系统实时监测、供暖系统实时监测）、实时数据监测和预测控制。智慧统计与分析模块功能分为：能耗总览、分项能耗、能耗分析、能耗预测和能耗对标。专家诊断模块功能分为：节能评估、能源审计、异常诊断和报表明细。

3. 暖通空调智能化控制系统

在第三住院楼室内、室外安装温湿度采集器，监测室外环境、室内关键区域舒适度参数；在空调系统管路上安装温度、压力、流量传感器，增加机组通信模块；对制冷机组加装智能冷源控制柜，监测空调系统运行状态，并以最不利室内参数作为冷水机组智能控制的依据，通过出水温度优化、冷水机组组合运行、分时控制等，实现冷水机组的节能优化运行。对冷水循环泵、冷却水换水泵、供暖循环泵安装智能变频控制柜，以空调系统运行参数进行变频智能控制；对冷却塔风机增加控制模块与通信模块，以冷却塔实时运行参数对风机的开启台数及运行参数进行适时调节。

(1) 冷水机组出水温度自动调节

空调系统采用智能化控制，具备节能模式下冷水机组出水温度自动调节功能，以自控方式代替人工调节，最大限度实现节能运行。典型日冷水机组运行情况分析如图 2.3-18 所示。冷水机组在节能模式下，能根据室外温度变化及时调整冷水机组出水温度，在保证室内房间舒适度的前提下，实现节能运行。

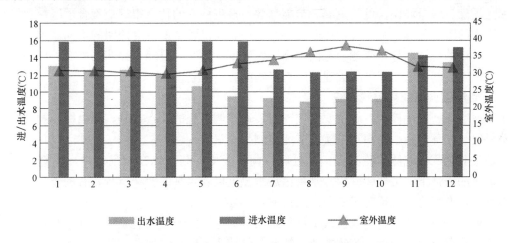

图 2.3-18 冷水机组典型日机组进出水温度逐时变化图

(2) 水泵节能运行评价

空调系统的水泵加装了变频器，以实现水泵的变频节能运行。通过对该项目的测评计算分析发现，水泵变频运行值一般在 39～45Hz 之间，冷水泵实现变频运行后每年可节能 38.5 万 kWh，冷却水泵变频改造后可实现节能 52.9 万 kWh，水泵变频改造节能效果显著。如图 2.3-19 所示，以冷水泵为例，可以看出典型日在节能工况下，冷水泵可以根据末端负荷需求变化自动调节，从而实现水泵的节能运行。

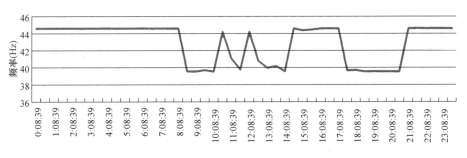

图 2.3-19 冷水泵节能工况下典型日运行频率逐时变化图

2.3.5　可推广的亮点

1. LED 节能灯及智能灯控系统

LED 节能灯与普通荧光灯相比，具有节能高效、寿命长的优点。在达到同样光通量的情况下，LED 灯具的瓦数是最低的，也就是耗费电能最少。第三住院楼全面采用 LED 节能灯，则照明用能将会大大降低。

对各楼层增加智能照明控制系统，可实现照明系统集中控制、分层分区域控制、定时控制等多种控制方式，使照明系统工作在全自动状态，系统将按预先设置切换若干基本工作状态。就地智能照明控制站设置在住院护士管理区，实现就地分控，在控制室设智能照明控制系统，实现集中控制。

从应用范围来看，LED 节能灯越来越广泛地应用于包括医疗建筑在内的各类建筑。其无光污染、安全环保、可选色温、节能高效、显色性好的特点很好地契合了医疗救护及病人康复的医院环境。它可应用于医院各个部门，满足各个部门对照明的不同需求，缓解了医护人员的精神和身体疲劳，进而提高工作效率；同时满足绿色照明高能效、环保、安全、舒适度高的要求，在医院类建筑中有广阔的应用前景。

2. 暖通空调智能化控制系统

暖通空调智能化控制系统主要是实现对暖通空调系统的综合控制，即根据控制参数对制冷机组、循环水泵、冷却水泵实现节能控制。

通过对第三住院楼的监测可知，暖通空调智能化控制系统在满足室内环境舒适、卫生、健康的条件下，可智能调控冷水机组出水温度以及水泵的变频运行，有利于实现建筑节能和环保的目标，也符合当前节能减排的迫切要求。

当前越来越多的新建建筑及改造项目采用暖通空调智能化控制系统，其主要目的就是为了提高资源有效利用率，节约能源。智能化的使用不仅将暖通空调的运行情况大大提高了，同时还降低了能源的损耗，降低了成本的运行，在发现问题时，能够及时解决，通过这种智能化的管理方式，可以有效地加强管理，推动暖通空调的发展。据统计，采用智能化控制系统可节电 10%～30%，积极发展暖通空调智能化控制技术在建筑中的应用成为必要趋势。

3. 能源监测管理平台

第三住院楼采用了智慧能源管理平台，并完成了与大数据平台的数据对接，实现了对电、水、冷、热能耗数据的实时监测。通过统计分析和专家诊断等方式，为节能工作的开展提供依据。同时，有效集成机组控制、高压用电监测和能耗监测系统数据，为节能综合管理提供决策支持。

第三住院楼能源管理平台自正式上线后，运行稳定，较好地实现了平台功能。通过量化管理，将原有的经验式宏观管理模式转变为精细化数字管理模式，通过该系统的应用，管理部门可以做到"掌握情况、摸清规律、系统诊断、合理用能"，大大提升管理水平，并降低了建筑的运行成本，让节能效果和能源管理更加科学化、数据化。

精品示范工程实施单位：中国建筑科学研究院有限公司

2.4 吉林省建筑科学研究设计院科研检测基地 2 号楼

2.4.1 项目概况

1. 楼宇概况

吉林省建筑科学研究设计院科研检测基地 2 号楼位于吉林省长春市高新区，为多层建筑，原为排架结构厂房，内设框架结构接层。项目占地面积 $10337m^2$，总建筑面积 $4136m^2$。一层、二层北侧为试验区，二层南侧为办公区，于 2018 年 12 月初步竣工。建筑外观图如图 2.4-1 所示。

本项目按近零能耗标准建设，基于严寒地区气候特征和地域特点，冷源为 VRV 多联式空调机组，热源采用电蓄热锅炉，末端采用风机盘管加新风系统。

可再生能源利用方面，采用了太阳能技术，光伏发电现接于照明系统前端，如照明系统使用有余量，则返回箱变前端供建筑其他能源系统使用。

本项目能源应用包括电力、太阳能热水、太阳能光伏，资源消费为自来水。项目以"被动式技术优先，主动式技术辅助"为设计原则，对各项技术参数进行实时监测。

图 2.4-1 建筑外观图

2. 用能概况

该项目的能耗种类主要为电耗、太阳能光伏和水耗。回路电耗方面主要包括办公设备、照明、电梯、空调、检测设备用电等，太阳能光伏接至照明回路，水耗主要为日常生活用水。建筑节能设计按超低能耗被动房的标准，总体能耗量不大。

该项目已安装电能和用水分项计量能耗监测系统，现有分项计量系统实施了 9 个回路。用水分项计量了建筑总用水量。设计了能耗监测系统，数据集成至本地平台，作为示范项目，数据进一步上传至绿色建筑大数据管理平台。建筑能耗监测平台界面如图 2.4-2 所示。

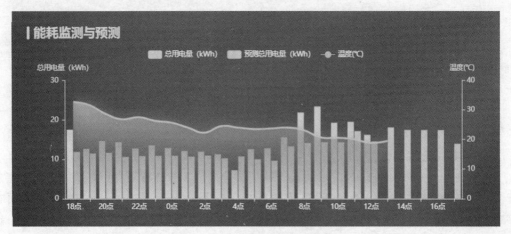

图 2.4-2　建筑能耗监测平台界面

（1）电能使用情况

该项目进线为 9 个用电分项回路，各配电支路清晰，照明、插座、VRV、锅炉、水泵等均独立开关，故对整个建筑可实现分项计量。建筑供暖用电来自专用箱式变电站（提供峰谷电价），其余用电来自 1 号楼配电室，按功能分为照明、办公插座、动力、空调、新风、电梯 6 个配电柜。该配电系统加上光伏发电承担了整个建筑的全部用电负荷，用电计量仪表采用中国建筑科学研究院有限公司三相电子式电表，电表准确度等级为 0.5 级，实时监测和显示三相电流、电压、有功功率、有功电度、无功功率、无功电度、有功功率因数、频率、总谐波含量等参数。电耗回路如表 2.4-1 所示。

电耗回路　　　　　　　　　　　　　　　　　　　表 2.4-1

序号	回路名称	原有/新增	表具型号
1	电锅炉	新增	CABR-SM-DT206
2	照明	新增	CABR-SM-DT206
3	循环水泵	新增	CABR-SM-DT206
4	空调末端	新增	CABR-SM-DT206
5	办公插座	新增	CABR-SM-DT206
6	其他插座	新增	CABR-SM-DT206
7	新风	新增	CABR-SM-DT206
8	电梯	新增	CABR-SM-DT206
9	VRV	新增	CABR-SM-DT206

（2）空调使用情况

空调系统冷源为 3 台约克 VRV 多联式空调机组，RFC1300MXSKYA 1 台、RFC532MXSKYA 1 台、RFC252MXSKYA 1 台，末端采用风机盘管加新风系统；热源采用安泽高温固体电蓄热锅炉，末端采用辐射供暖。VRV 机组外观和设备参数如图 2.4-3、表 2.4-2 所示，电蓄热锅炉外观和设备参数如图 2.4-4、表 2.4-3 所示，热水输配设备外观和设备参数如图 2.4-5、表 2.4-4 所示。

图 2.4-3　VRV 机组外观　　　　　　　图 2.4-4　电蓄热锅炉外观

VRV 空调机组设备参数　　　　　　　　　　表 2.4-2

名称	型号	制冷/制热量(kW)	功率(kW)	台数
VRV	RFC1300MXSKYA	130	41	1
VRV	RFC532MXSKYA	50	13	1
VRV	RFC252MXSKYA	22	5	1

电蓄热锅炉参数　　　　　　　　　　　　表 2.4-3

名称	额定制热量(kW)	供水温度(℃)	回水温度(℃)	台数
电蓄热锅炉	200	50	40	1

（3）用水情况

该项目用水主要是生活用水，为 1 路市政总进户表，MODBUS 通信。

（4）环境监测情况

该项目作为吉林省建筑科学研究院检测、办公的场所以及超低能耗示范建筑，对室内环境的舒适度要求较高。目前各楼层均配有新风系统、典型房间室内环境参数的实时监测，以及室外气象参数的实时监测。

（5）人员信息情况

该项目作为吉林省建筑科学研究院自建的办公建筑，入驻人员固定，每日常在室人数几乎不变，送检人员往来仅限于办事大厅，且无长时间停留情况，用能人数基本是常在室办公人数，无需实时采集。

图 2.4-5　热水输配设备外观

热水输配设备参数 表2.4-4

系统类型	台数(台)	额定功率(kW)	额定流量(m³/h)	额定扬程(m)	是否变频	备注
末端循环泵	2	2.2	8.3	30	否	1用1备
换热循环泵	2	1.1	4.9	26	否	1用1备
补水泵	2	1.1	4.9	26	否	1用1备

2.4.2 实施情况

1. 总体方案概述

该项目新建项目,设计过程中考虑到监测需求及项目自身研究、运行需要,设计用电回路计量完整,计量设备安装齐全。建筑内所有监测数据集成至本地能耗监测分析平台,通过基于"绿色建筑大数据管理平台"需求开发的数据通信程序,将本地平台采集的仪表原始数据上传至大数据平台。

项目监测内容包括电力监测、水力平衡监测、室内环境监测、空调系统监测、室外气象站监测、围护结构监测等。

监测软件采用标准的B/S(Browser/Server)架构,用户可以通过Internet浏览器远程登录系统中心服务器。不同用户根据权限的不同,浏览不同建筑的能源使用状况。工程师通过Internet浏览器登录服务器,拥有最高级别的管理权限,可实现工程的远程在线维护,第一时间响应客户的需求。

采用的数据库系统,保证电能原始数据不可修改,对电能进行计量和结算的模型等在相应派生库中进行,派生库数据只有在授权许可下才能修改,建立完善的安全措施,对不同等级用户设立相应的访问权限,以保证电能量与计费的合法性和严肃性。同时系统支持数据自动或人工备档和恢复。

系统具有充分的开放性能,软件系统已经在接口和功能上进行了预留,只需通过简单的配置,即可允许不同厂家的产品组成一个完整的系统,并通过丰富的内置软件接口(OPC、DDE、ODBC等)与第三方系统无缝集成,提供低成本IBMS集成管理解决方案。

由于电能数据具有累加性和传递性的特点,要求在任何情况下都不允许丢失电能原始数据,特别是在进行分段、分费率电能统计和结算时,尤为重要。在本系统中,通过在采集处理及传输等环节采用多种技术手段来确保数据完整。

系统方案中的总线能力、软件资源、模块IO点配置均留有一定的余量,以便根据业主要求灵活增加少量控制点而无需增加额外的费用。系统设计采用网络化结构方式,充分考虑了用户今后分中心的扩展及功能扩展的需要,可以很容易地通过增加本地采集仪表的方法实现,而且还能通过网络拓展,扩展新的控制网络总线,系统规模可以成倍增加。

本系统的关键硬件设备是数据网关,安全可靠、对应所有主流计量表具。主要特点是:数据网关应支持周期方式数据采集、固定时刻数据采集和当前时刻数据采集,并可接收数据中心通过数据管理平台下达的命令及相关设置。

在办公场所中,多数房间独立性较强,空气交换缓慢。单一节点的监测设备不能完全反映建筑整体的室内环境质量。此外,不同的房间因为用途的不同,所监测的指标阈值也不尽相同。为了建立完善的建筑室内环境数据采集网络,在本项目中,每层均挑选多个典型区域，安装采集模块进行实时监测。可在最少投入的基础上，获得最具代表性的全建筑室内环境数据。

系统逻辑架构分为三个层次：数据层、应用层和访问层。目的是将系统各个运转功能独立分开，达到灵活扩充系统功能、降低故障率的目的，尽量减少各个子系统之间的耦合度，可以灵活地调整各子系统功能，彼此独立运行，方便后续的维护工作，增强系统的一致性、扩展性和兼容性。

实施的内容如下：

(1) 建筑电耗计量：自动采集，共监测配电电表9块；

(2) 建筑水耗计量：自动采集，共监测建筑用水总表1块；

(3) 建筑热量计量：自动采集，共监测建筑热量表计1套；

(4) 建筑环境参数监测：自动采集，共监测室内环境测点8套。

项目监测数据根据"全国绿色建筑大数据管理平台"要求，接入能耗、水耗、环境等监测数据，实现数据实时上传。

2. 加装监测设备清单

该项目建筑能耗监管平台加装的监测设备清单如表2.4-5所示。

加装监测设备清单　　　　　　　　　　　　　　　　表 2.4-5

序号	设备名称	设备品牌	设备型号	设备数量	作用
1	电表	CABR	CABR-SM-DT206	9	实现建筑电耗分项计量
2	超声波热量表	上海方俊	U-HcFS	1	实现供热系统热量总量计量
3	水表	海德瑞	U-HDRS	1	实现建筑用水的监测统计
4	室内环境监测模块	中立格林	TSP-16	8	实现建筑内 $PM_{2.5}$、PM_{10}、CO_2、TVOC、环境温度、湿度的监测统计
5	采集网关	泓格科技	TGW-725	2	实现传感末端所采集的建筑实时运行数据上传

3. 电能监测

该项目已安装用电能耗监测系统，现安装了10块智能电表对该建筑的用电情况进行监测计量，现场使用MODBUS传输。电能监测点位表如表2.4-6所示。

电能监测点位表　　　　　　　　　　　　　　　　表 2.4-6

序号	回路名称	原有/新增	表具型号
1	电锅炉	新增	CABR-SM-DT206
2	照明	新增	CABR-SM-DT206
3	循环水泵	新增	CABR-SM-DT206
4	空调末端	新增	CABR-SM-DT206
5	办公插座	新增	CABR-SM-DT206
6	其他插座	新增	CABR-SM-DT206
7	新风	新增	CABR-SM-DT206
8	电梯	新增	CABR-SM-DT206
9	VRV	新增	CABR-SM-DT206
10	光伏发电	新增	CABR-SM-DT206

项目各分项电耗数据和光伏发电数据监测如图 2.4-6、图 2.4-7 所示,已实现稳定实时上传至"全国绿色建筑大数据管理平台"。

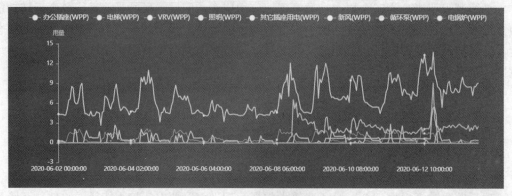

图 2.4-6 电耗数据监测

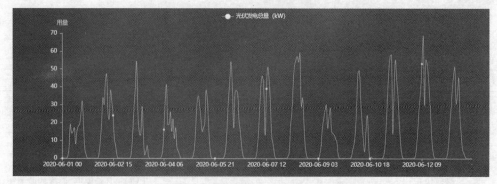

图 2.4-7 光伏发电数据监测

4. 空调冷热量监测

热量计选用的是上海方俊仪器仪表有限公司的 U-HcFS 超声波冷热量表,可输出累积热量、瞬时热量、供回水温度等数值。超声波冷热量表如图 2.4-8 所示。

图 2.4-8 超声波冷热量表

超声冷量表选型需要考虑稳定性和测量的精度。需要采用直通式设计,无阻流部件,低始动流量,高准确度。采用超声测流技术,可多角度安装,仪表测量不受任何影响。支持光电接口、RS485、M-BUS 输出接口,可实现远程抄表、便于用户集中控制管理。采用 IP68 防护设计,有效防止热蒸汽、冷凝水对仪表的影响,可长期浸水运行,适用于各种恶劣现场环境,产品符合行业标准《热量表》GB/T 32224—2015 的相关要求。

项目耗热量数据传输情况如图 2.4-9

所示，数据已实现稳定、实时上传至"全国绿色建筑大数据管理平台"。

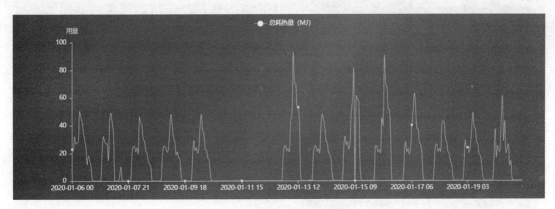

图 2.4-9　耗热量数据监测

5. 耗水量监测

智能水表可记录流经自来水管道的累积流量和瞬时流量。水表需要保证低区灵敏度和高区流通性能，具有卓越的小流量性能。密封性能达到 IP68，确保不会受潮和表面起雾。

（1）采用电磁振荡直读技术（或光电直读技术），直接输出数字信号，确保数据传输准确。

（2）远传数据精确到小数点后两位，可用于检测管网漏水，特别适用于水力平衡测试分析。

（3）电子单元可记录正反双向流量，突破机械水表只能单向计量的技术瓶颈。

（4）可记录并传输水表瞬时流量和累计流量，为配表合理分析提供数据支持。

（5）具有数据远传功能，具有 RS 485 标准串行电气接口，采用 Modbus RTU 标准开放协议。

项目水耗数据传输情况如图 2.4-10 所示，数据已实现稳定、实时上传至"全国绿色建筑大数据管理平台"。

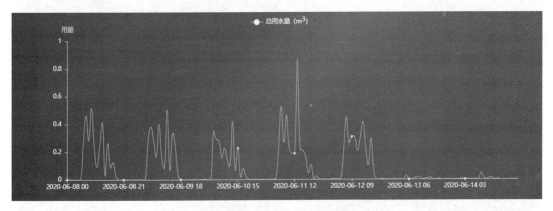

图 2.4-10　水耗数据监测

6. 环境监测

该项目室外设置七要素微气象仪，型号 RYQ-2，位于水箱间楼上，可监测风速、温

图 2.4-11 多功能气象站

度、湿度、$PM_{2.4}$、PM_{10}、太阳辐照度等，MODBUS 通信。多功能气象站如图 2.4-11 所示。

室内 8 个典型房间（一层门厅、一层中空玻璃检测室、一层力学实验室、一层委托大厅、二层会议室、二层院长办公室、二层开敞办公区、二层保温材料检测室）设置室内环境监测模块，型号 TSP-16，可监测 $PM_{2.5}$、PM_{10}、CO_2、TVOC、环境温度、湿度，MODBUS 通信、DC 24V 供电，数据直接实时上传至监测平台。

根据《示范工程动态数据采集要求》的建议，测点应安装于公共区域人员活动区域距离地面 1.5m 高度处。

（1）将环境检测仪安装在需要检测的位置，应远离发热体或蒸汽源头，防止阳光直射；

（2）应尽量远离大功率干扰设备，如变送器、电机等，以免造成测量不准确；

（3）避免在易于传热且会直接造成与待测区域产生温差的地带安装，否则会造成温湿度测量不准确。

多功能环境检测仪外观如图 2.4-12 所示。该项目室内环境数据已实现稳定、实时上传至"全国绿色建筑大数据管理平台"。

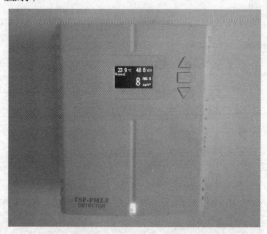

图 2.4-12 多功能环境检测仪外观

2.4.3 基于监测数据的评价分析

1. 总能效评价分析

该项目 2019 年总能效评价结果如图 2.4-13 所示，2019 年项目总耗能 16374.16kgce，能耗密度 $3.96kgce/m^2$。根据"基于数据挖掘的建筑运行能效评价体系"研究成果，对于该项目而言，在同等运行及服务情况下，基准能耗值为 $84.79kgce/m^2$，当实际能耗达到基准能耗值的 26.5%，即低于 $22.49kgce/m^2$ 时，即可达到满分水平，该项目实际能耗远低于此水平。

年份	能耗强度 (kgce/m²)	标准化能耗强度 (kgce/m²)	得分	能耗总量 (kgce)
2019年	3.96	84.79	100	16,374.16

图 2.4-13 总能效评价结果

2. 分项能效评价分析

该项目2019年分项能效评价结果如图2.4-14所示，建筑空调、供暖及基本负载各分项均为优秀水平。

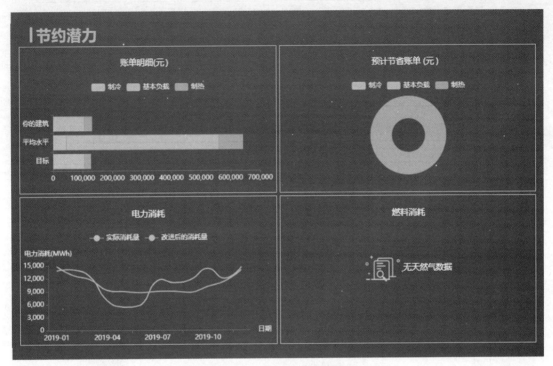

图 2.4-14 分项能效评价结果

该项目能效水平远高于同类项目的平均水平，供暖系统存在一定的节能潜力，但潜力不大。

通过对现场调研分析，发现该项目热源利用峰谷电价的差异，采用蓄热锅炉进行制热，存在一定的热能损失，但考虑到整年电能节约量不大，约4450kWh，节能率3%，结合经济性，该项目无需采取进一步节能措施。

2.4.4 实施效果评价

该项目建筑能耗监测平台的能耗监测范围涵盖了建筑用电、光伏发电、用水、供暖热量的监测、室内环境监测、室外环境监测，监测种类全面，满足示范工程要求。

实施效果方面，建筑围护结构实际参数如表2.4-7所示，该项目围护结构性能远高于节能设计规范要求水平，根据能耗模拟分析该项目节能率达到87.6%。

该项目地处严寒气候区，2019年总电耗13.32万kWh，除监测设备用电外，建筑耗电量9.06万kWh。该项目2019年逐月能耗如表2.4-8、图2.4-15所示。

从该项目逐月能耗趋势分布来看，4~9月能耗较低，10月~次年3月能耗较高，冬季供暖能耗占比相对较高。2019年分项能耗如表2.4-9、图2.4-16所示，供暖与插座能耗占比最高，空调系统及新风系统能耗次之，照明及电梯能耗最低。2019年实际耗热指标为$10.5kWh/m^2$，远低于严寒气候区耗热水平，建筑节能效果明显。

围护结构参数 表 2.4-7

参数名称	单位	数值
外墙传热系数	W/(m²·K)	0.12
屋面传热系数	W/(m²·K)	0.15
地面传热系数	W/(m²·K)	0.15
外窗传热系数	W/(m²·K)	0.9
外门传热系数	W/(m²·K)	1.0
气密性	h^{-1}	0.58

2019 年逐月能耗 表 2.4-8

月份	耗电量(kWh)	专用设备外耗电量(kWh)
1 月	13774	10483
2 月	14040	12484
3 月	12400	10100
4 月	6910	4668
5 月	5360	2752
6 月	5854	2428
7 月	11451	6349
8 月	10996	5984
9 月	11702	4952
10 月	14240	9028
11 月	11920	10080
12 月	14585	11311

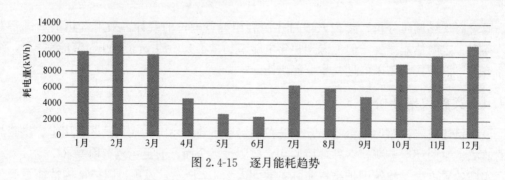

图 2.4-15 逐月能耗趋势

2019 年分项能耗分布情况 表 2.4-9

分项	供暖	空调	照明	插座	新风系统	电梯
耗电量(kWh)	43465	25502	4904	46951	12118	292

　　该项目典型供冷季能耗分项如图 2.4-17 所示,供冷季能耗主要集中在供冷能耗,约占 76%;其次是办公插座用能,约占 17%;照明能耗,占 7%,电梯能耗远低于其他能耗。供冷季典型日单位面积能耗 0.088kWh/m²。

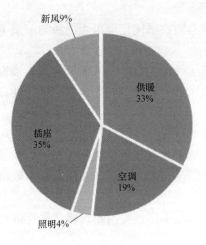

图 2.4-16　分项能耗分布情况

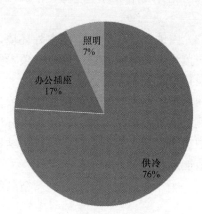

图 2.4-17　典型供冷季电耗分项

典型过渡季能耗分项如图 2.4-18 所示，过渡季能耗主要集中在办公插座能耗，约占74％；其次是照明能耗，约占24％；电梯能耗远低于照明、插座电耗，约占2％。过渡季典型日单位面积能耗 $0.036kWh/m^2$。

典型供热季能耗分项如图 2.4-19 所示，供热季能耗主要是电蓄热锅炉耗电，夜间蓄热时段电耗约是日间放热时段建筑运行电耗的 8 倍左右。整体而言，建筑供热季能耗主要集中在供热能耗，约占96％；其次是照明插座用能，约占4％；电梯能耗远低于其他能耗。供热季典型日单位面积能耗 $0.48kWh/m^2$。

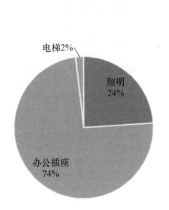

图 2.4-18　典型过渡季电耗分项

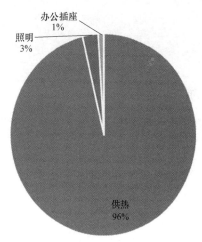

图 2.4-19　典型供热季能耗分项

2.4.5　可推广的亮点

该项目监测内容丰富，分项计量回路清晰，可有效辅助优化建筑运行及能耗数据分析，该系统运行效果较好，具有较高的推广价值。

（1）基于立体模型，开发节能技术监测展示系统。基于立体模型，直观展示建筑用电、用水、环境参数情况，同时结合三维模型直观展示建筑空调系统的运行情况，并分析空调系统的使用效率，帮助建筑达到高效、节能运行。

（2）充分利用可再生能源，根据可再生能源监测数据优化可再生能源与市政电力能耗分配。

（3）因地制宜，充分利用室外环境，对建筑运行进行指导。该项目建筑屋顶设有气象站实时监测室外气象参数，通过气象参数搜集统计，结合建筑能耗数据时频特性分析，优化建筑运行及控制策略。

（4）近零能耗建筑环境参数监测。该项目按近零能耗建筑设计，配套有室外环境气象站监测、建筑围护结构监测以及室内环境监测，基于数据分析，优化节能运行效果。并且根据数据变化情况，可随时发现围护结构缺陷、系统效率问题等，以便及时采取措施实现建筑节能运行。

精品示范工程实施单位：中国建筑科学研究院有限公司

2.5 仁化县政府办公楼

2.5.1 项目概况

1. 楼宇概况

仁化县政府办公楼位于广东省韶关市仁化县新城路 2 号。建筑类型为办公建筑，属于业主自用集中办。总建筑面积为 19500m²，主立面朝向为东，地下 2 层，地上 12 层。建筑空调面积约为 15000m²，建筑体形系数为 0.14。建筑外墙保温形式为外保温，建筑遮阳类型为内遮阳，建筑外窗类型为中空双层玻璃，仁化县政府办公楼外观如图 2.5-1 所示。

图 2.5-1 仁化县政府办公楼外观

2. 用能情况

仁化县政府办公楼主要功能以行政办公为主，夏季空调冷源为 VRV 多联式空调机组，本建筑用能符合典型办公建筑用能特点，空调系统运行时间为 8：00～17：30。主要用能系统包括变配电系统、空调系统、照明系统、办公设备等。

（1）电能使用情况

仁化县政府办公楼主要功能为办公，主要耗电为照明插座用电和空调用电。办公大楼

图 2.5-2　仁化县政府办公楼配电室

低压配电房电表计量支路总计 56 个，配电室如图 2.5-2 所示。

（2）空调使用情况

采用 VRV 多联机空调系统，为大楼提供夏季供冷服务。冷源采用志高多联式空调机组 CMW-V335ESAM-B（制冷量 33.5kW）21 台和 CMW-V400ESAM-B（制冷量 40kW）43 台，总计 64 台。设备参数和多联机室外机外观如表 2.5-1、图 2.5-3 所示。

多联机设备参数表　　　　　　　　　　　　　表 2.5-1

厂家	志高	志高
型号	CMW-V335ESAM-B	CMW-V400ESAM-B
台数	21	43
名义制冷量(kW)	33.5	40
额定功率(kW)	10	14
制冷工质	R410a	R410a

（3）用水情况

本建筑为办公建筑，主要生活用水为卫生间及饮用热水。给水由大楼集中生活供水水箱、水泵统一供应，每层公共卫生间均有出水点。

（4）气能源使用情况

本建筑主要为政府办公，没有燃气消耗。

（5）环境监测情况

本建筑未进行室外环境监测，室内仅部分区域进行了环境参数监测，如图 2.5-4 所示，整体环境监测水平一般，需完善。

图 2.5-3　多联机室外机外观

图 2.5-4　室内环境监测装置安装示意图

2.5.2 实施情况

1. 总体方案概述

仁化县政府办公楼属于办公类大型公共建筑，能耗特点典型，电气回路分项清楚，适合作为精品示范项目。但是目前建筑能耗监测系统建设不完全满足示范项目要求，需要进行改造。根据精品示范项目要求，仁化县政府办公楼尚需要增加部分电能计量、室内环境监测以及人流量监测设备。同时，为了实现数据的采集传输，要对办公楼原有电表系统进行通信改造，同时建设采集传输系统。

室内环境监测方面，仁化县政府办公楼建筑面积 $19500m^2$，应布置环境采样点 4 个。

2. 加装监测设备清单

加装主要监测设备清单如表 2.5-2 所示。

表 2.5-2

加装主要监测设备清单

序号	设备名称	设备品牌	设备型号	设备数量	作用
1	全功能电表	CHNT/正泰	DTSD866	2	电量监测
2	智能电表	CHNT/正泰	DTS866	54	电量监测
3	互感器	CHNT/正泰	BH-0.66	162	电量监测
4	室内温湿度传感器	Gemho	GHHB-C304	14	温湿度监测
5	CO_2 传感器	Gemho	GHHB-C304	15	CO_2 监测
6	$PM_{2.5}$ 传感器	Gemho	GHHB-485-PVC	15	$PM_{2.5}$ 监测
7	室外温湿度传感器	Gemho	GHHB-C304	1	温度监测
8	传感智能远传水表	麦克	麦克	1	水量监测
9	数据采集器	厦门四信	F8L10T	1	数据传输通信

3. 电能监测

本次改造电计量点主要针对办公楼变配电室内相关回路新增电表箱，箱内安装集中器 1 块，DTSD866 全功能电表 2 块，DTS866 电表 54 块，电表箱电源从低压配电柜的支路上引用。现场施工如图 2.5-5～图 2.5-7 所示。

图 2.5-5　低压配电房现场施工

图 2.5-6　电流互感器安装图

4. 空调耗能监测

本建筑采用 VRV 多联机空调机组，故无法对空调系统冷热量进行监控，通过对 VRV 空调机组电量消耗进行能耗的监测统计。

5. 用水监测

目前办公楼已有水计量，并接入能耗监测系统，不需要进一步加装设备，仅需要进行相关数据的采集传输。水计量监测如图 2.5-8 所示。

图 2.5-7 计量电表和数据采集器安装图

图 2.5-8 水计量监测

6. 环境监测

为监测办公楼各个关键区域及典型功能房间室内舒适度状况，此次改造将安装室外温湿度采集器 1 个、室内环境（温湿度、CO_2 及 $PM_{2.5}$ 等）监测装置 15 个。环境参数监测装置安装位置如表 2.5-3 所示。

环境参数监测装置安装位置 表 2.5-3

序号	安装位置	设备型号	数量
1	三层会议室	海克智动工业空气质量检测仪 B3	4
		厦门四信 F8L10T 数据采集器	4
2	四层走廊	海克智动工业空气质量检测仪 B3	1
		厦门四信 F8L10T 数据采集器	1
3	五层走廊	海克智动工业空气质量检测仪 B3	1
		厦门四信 F8L10T 数据采集器	1
4	八层会议室	海克智动工业空气质量检测仪 B3	2
		厦门四信 F8L10T 数据采集器	1
5	一层大堂	海克智动工业空气质量检测仪 B3	1
		厦门四信 F8L10T 数据采集器	1
6	礼堂	海克智动工业空气质量检测仪 B3	4
		厦门四信 F8L10T 数据采集器	1
7	礼堂旁小会议室	海克智动工业空气质量检测仪 B3	2
		厦门四信 F8L10T 数据采集器	1
8	一层大门外	海克智动工业空气质量检测仪 B3	1
		厦门四信 F8L10T 数据采集器	1

2.5.3 基于监测数据的分析预测

1. 用能评价分析

数据中心接收并存储其管理区域内监测建筑的能耗数据，对能耗数据处理、分析、展示和发布；其主要由数据服务器、网络交换机、UPS 电源系统、展示平台以及环境与能源管理软件组成。

构建仁化县政府办公楼环境与能源管理软件，将上述室内环境参数、用电分项、用水能耗数据接入管理软件系统，以实现室内环境状况与能耗数据的在线监测和统计分析，以提升办公管理和数据分析能力。

该平台可以通过报表功能和文档管理功能为用户提供用能评价分析基本数据和文档资料。按年度、月份、天、小时四种时间段统计每个支路的电能耗大小、环境监测参数，以表格形式显示出来，支持导出到 Excel 表格中，方便用户作统计使用，对本项目实时耗电量和室内环境进行监测。2020 年 6 月 8～12 日具体监测结果如表 2.5-4、图 2.5-9～图 2.5-14 所示。

一周典型工作日逐时耗电量（单位：kWh）　　　　　　表 2.5-4

时间	6月8日	6月9日	6月10日	6月11日	6月12日
1	53	49.2	50.2	57.2	52.6
2	51.8	47.4	48.4	51.4	51.6
3	48.2	46.2	44	50.4	46.4
4	49.2	43.2	43.2	49.4	48
5	47.8	43.6	41.8	49.2	48.4
6	46.4	45.4	39.4	49.2	47
7	50.2	42.8	45	48.4	50.2
8	50.4	48	50	59.4	57.8
9	125.6	113.8	114.6	124	132.6
10	157.4	157.6	139	177.8	175
11	158.6	157.8	146.4	179.6	191.6
12	147	142.6	142	171.4	194.6
13	89.4	84	138	109.6	107.6
14	71.2	70.4	92.6	90	98
15	105.4	97.4	161.4	90.2	150
16	156.4	132	227.8	221.8	166.4
17	155.4	131.8	222.6	184.2	247.2
18	119.4	112.4	177	153.2	138.4
19	69.8	74	99.6	98.2	77.8
20	64.4	65.2	77	79.2	64.4
21	68.2	64.6	78.2	85.4	62.8
22	63.8	58.6	76.8	70.4	66.8
23	54.6	57.6	73	63.2	66.6
24	53.6	52	60.6	57.4	54.8

以单日逐时耗电量变化趋势为例，晚上 20 点到早上 8 点这段时间，建筑逐时耗电量趋于平稳；在上午 8 点上班之后，耗电量急剧上升，上午 11 点到达上午峰值，随后上午

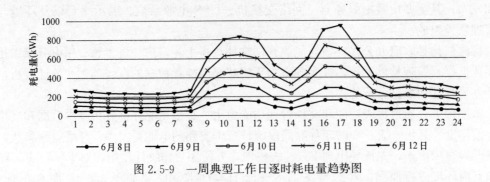

图 2.5-9　一周典型工作日逐时耗电量趋势图

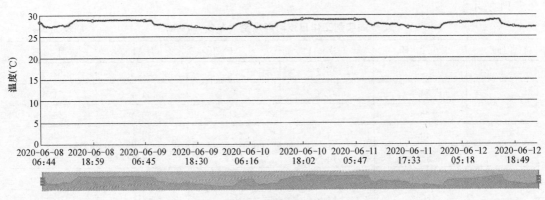

图 2.5-10　室内温度监测情况

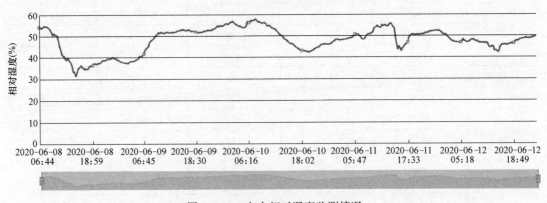

图 2.5-11　室内相对湿度监测情况

上班接近尾声，耗电量逐渐下降，在下午 14 点前后降至最低；下午 14 点开始上班后，耗电量上升，在下午 17 点到达下午峰值；从单日整体变化趋势可以看出，耗电量随工作期间人员变化波动明显，这说明空调及照明耗电占比较高，在 20：00～8：00 以基础耗电为主。

对比 2020 年 6 月 8～12 日一周耗电量变化趋势，可以明显看出是逐步增加的过程，这与室外温度逐渐升高，空调负荷增大呈正比关系，也符合正常用电耗能特点。

通过对本项目实时耗电量和室内环境监测以及能耗数据处理、分析，可以有效地对本项目用能进行评价分析，为下一步节能诊断及节能改造提供方向和依据。

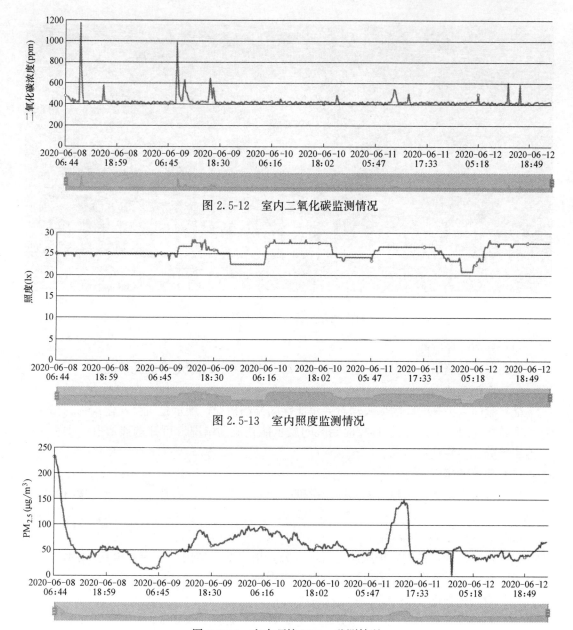

图 2.5-12　室内二氧化碳监测情况

图 2.5-13　室内照度监测情况

图 2.5-14　室内环境 $PM_{2.5}$ 监测情况

2. 用能诊断预测

通过仁化县政府办公楼环境与能源管理软件，实现室内环境状况与能耗数据的在线监测和统计分析，以提升办公管理和数据分析能力。能耗监测与预测如图 2.5-15 所示。

（1）能效总览

通过曲线图展示过去 24h 能耗总体情况、分项和分类能耗情况。

（2）能效对标

通过对比，可评估监测对象的能耗水平，显示与国家标准的差异，为节能减排指明方向。

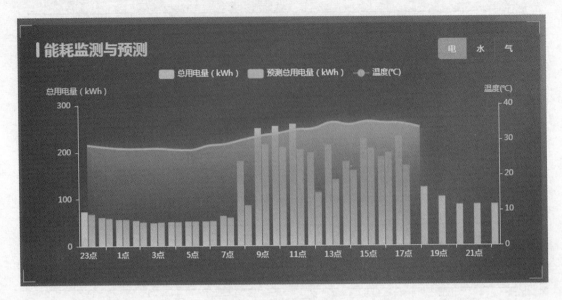

图 2.5-15 能耗监测与预测图

（3）分项能耗监测

监测办公楼照明插座用电、空调用电、动力用电和特殊用电等能耗情况。

（4）能耗流向

能耗流向以力导向图的形式动态展示能耗的流动情况，展示建筑群、建筑物的拓扑关系，支持按逐时/逐天/逐月/逐年时间区间展示能耗流动情况，可筛选展示电、水、集中供冷量等分类能耗流动情况。

（5）建筑环境

以曲线图的形式展示建筑的温度、湿度、二氧化碳等环境参数情况，支持按时间区间查询。

（6）分区监测

分区电耗及用水监测，按照功能区域划分，集中对区域内的建筑物电耗/用水情况进行统计分析，可选择分时、分日、分月、分年展示。

（7）设备拓扑图

设备拓扑图实现了以图形显示数据中心、数据采集器、仪表等能耗监测设备相互之间互联互通的物理联系。设备拓扑图方便日后设备的维护工作，也可以作为一个归档文件随时查看。

3. 用能系统优化运行

通过环境与能源管理软件的在线预警、设备拓扑、报表、文档管理等功能，确保监测数据的有效性和可靠性，再通过数据分析对办公楼进行用能诊断。根据房间分区、功能和时间分别设置空调系统和控制系统。室内大空间设置 CO_2、$PM_{2.5}$、空气质量监测装置，实时监测室内 CO_2、$PM_{2.5}$、温湿度。各层新风换气机采取就地控制和自动控制相结合的控制模式，根据室内 CO_2 浓度调节新风机挡位，过滤器设更换报警装置。实现节能和环境的双重保障。室内环境测试监测如图 2.5-16 所示。

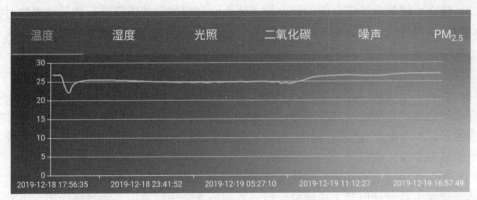

图 2.5-16 室内环境测试监测

2.5.4 实施效果评价

仁化县政府办公楼示范工程设置的一套能效管理系统采用分项、分类设置能耗计量装置的方式，分别统计照明用电、插座用电、空调用电、动力用电、特殊用电、特殊设备用电量以及用水量、热能用量等。按照示范工程数据采集的要求，建立建筑能耗监测系统并实现了与大数据平台的数据联网，达到了《示范工程数据信息采集要求》中精品示范项目的要求。

利用仁化县政府办公楼的实际运行数据，基于统计分析和数据挖掘手段，挖掘研究建筑功能、空调开启时间、人员流动信息、室内外环境等因素对建筑能耗的影响，分析能耗特点，为确定用于公共建筑总能效、分项能效评价的相关能耗模型方法的建立及能效评价模型的构造奠定基础。

通过选取仁化县政府办公楼开展建筑综合能效评价方法的示范应用，并进行实测评估，对评价方法的适用性和评价结果的合理性进行评估和分析，为评价方法的优化和改进及评价技术体系的完善提供依据，也为本项目后期节能改造及运行维护管理提供关键数据。据初步预测，综合能效可提升约20%。

2.5.5 可推广的亮点

通过本项目能效监管系统构建和建筑综合能效评价方法的示范应用，直观、有效地展示了建筑综合能效评价体系相比传统评价方法的优势。

（1）组建了能效管理系统。采用分项、分类设置能耗计量装置的方式，分别统计照明用电、插座用电、空调用电、动力用电、特殊用电、特殊设备用电量以及用水量、热能用量等，并实现了数据实时上传分析、诊断，对项目实际总能耗、分项能耗等可以全面掌握，解决了传统建筑中对能耗数据未分项、不完整、不连续、不全面等问题。

（2）搭建了环境监测系统。主要通过设置各类传感器，如温度传感器、湿度传感器、CO_2 传感器、$PM_{2.5}$ 传感器及 TVOC 传感器等，实时在线监测室内外环境各项指标；各项环境参数也可实时传送至数据平台，进行展示和预警；相关人员和管理部门可以通过网络了解工作所处的室内外环境参数，一旦某项指标超过所限定的临界值，这个系统可以自动预警，以达到警惕和保障室内环境健康的作用。

（3）建立了建筑运行综合能效评价技术体系。合理的公共建筑运行能耗评价比对模型可以对建筑综合能效进行公平、合理的评价，协助业主明确该建筑的节能潜力。该模型从整体上确保节能工作方向的正确性，解决"定性"问题。深入分析某一个建筑能耗表现下对应的技术原因，指出具体的节能措施，解决"定量"问题。

（4）具备了完善的信息采集登记系统。为了得到某一个建筑的具体节能措施，还需要更加详细的信息，包括建筑内功能分区信息、主要用能设备的配置信息、运行性能参数和环境参数等，本示范工程实施过程中建立完善的建筑信息登记表格，可以高效、系统、规范地对建筑基本信息填报录入。

（5）针对本项目监测系统，搭建了能耗流向图，动态地展示电、水、集中供冷量等能耗在各个建筑内的流动以及占比情况，可以直观地观测能耗流向。能耗流向图主要有以下功能：以力导向图的形式动态展示能耗的流动情况；展示建筑群、建筑物的拓扑关系；支持按逐时/逐天/逐月/逐年时间区间展示能耗流动情况；可筛选展示电、水、集中供冷量等分类能耗流动情况。

（6）基于监测平台及建筑运行综合能效评价技术体系的综合示范应用，本示范工程在运行数据分析诊断后，可以通过一些低成本或者无成本节能改造措施，使得综合能效提升20％以上。

综上，该示范工程的应用取得了较好的运行效果，在公共建筑节能改造能效提升领域具有较高的推广价值。

精品示范工程实施单位：中国建筑技术集团有限公司

2.6 天津安捷物联大厦

2.6.1 项目概况

1. 楼宇概况

安捷物联大厦位于天津市西青区华科五路，建筑类型为办公建筑，属于业主自用集中办公。建筑面积17679.6m²，主立面朝向为南，为地上5层，地下1层，容积率为2。建筑空调面积为12347m²，供暖面积为11800m²，建筑体积为84304.5m³，建筑体形系数为0.11。建筑外墙保温形式为外保温，建筑外墙材料形式为加气混凝土砌块，建筑遮阳类型为内遮阳，建筑外窗类型为中空双层玻璃。安捷物联大厦于2019年1月20日正式启用，上下班时间为工作日8：30～17：30。建筑外观如图2.6-1所示。

图 2.6-1 安捷物联大厦外观

2. 楼宇系统信息

安捷物联大厦为业主自用办公建筑，主要用能为电和水，不使用燃气。在用电系统方面，大厦配置2台变压器，变电站电压等级为10kV，每台变压器容量均为1000kVA；建筑内部主要用电系统包括办公设备、照明设备、数据机房、空调系统和厨房设备等；空调系统形式为地板辐射＋新风系统，冷热源主要来自地源热泵系统、双冷源新风机组和太阳能，供冷季从6月20日至9月15日，供冷季公共区域设定温度为26℃；供热季从10月20日至次年3月31日，供热季公共区域设定温度为22℃。用水系统方面，主要有生活用水、空调用水和消防用水等；项目有给水泵房和中水泵房，分别设有容量为4.5m³的水箱1个和相应的给水泵。厨房和一～五层卫生间生活热水主要来自容积式换热器，热源来自太阳能集热器、水蓄能槽和电加热。

（1）电能使用情况

安捷物联大厦变电站电压等级为10kV/0.4kV，接线方式为双电源进线，供电方式为双回路供电。配置2台变压器，每台变压器容量均为1000kVA。变电站总容量为2000kVA。变配电系统由安捷自行设计建造，通过电力大数据技术实现设计方案优化。采用线下无人值守、线上有人值班的运维模式。

（2）暖通空调系统情况

安捷物联大厦暖通空调系统中，能源部分由地源热泵系统、水蓄能系统和太阳能光热系统组成，合理利用地下低温土壤作为自然免费冷源，并充分利用太阳提供的自然免费热源。系统的室内部分由地面辐射末端和双冷源新风系统组成，并同时结合自然通风节能降耗。

安捷物联大厦使用的地源热泵系统设置了148口深130m的地埋管井，利用浅层土壤的能量为室内供冷供热。地源热泵系统配备了模块主机A（3台）和模块主机B（5台），单模块制冷量为89kW，单模块制热量为91kW。图2.6-2为机房地源热泵模块主机。地板辐射末端，采用直径10mm的水管进行间距为50mm的铺设，有效辐射面积增加了3～4倍，地面供热供冷能力得到提升。地板辐射末端如图2.6-3所示。

图2.6-2 机房地源热泵模块主机 　　　　图2.6-3 地板辐射末端

安捷物联大厦使用的新风机组仅用极小风量就可实现除湿，且出风温度可调。新风机组可接入两种冷源，第一级预冷可接入土壤免费冷源，第二级深冷则采用直膨机可深度除湿。除湿后利用直膨机散出的热量为新风再次加热，避免因除湿使新风温度过低而对人体造成不适感，也不必额外消耗能源再次加热新风。而冬季则用水蓄能系统直接加热新风。双冷源新风机组分层设置，各个机组均具备去除$PM_{2.5}$和杀菌功能。三～五层的新风机组带有冷热回收功能，回收效率达到60%以上，大幅降低新风处理能耗。一、二层新风机组采用直流方式直接向室内供入新风，与厨房排风机联动，保证新风量大于排风量，抵消因厨房大量排风而引起室外空气大量灌入对室内环境造成的影响。一层新风机组还具有内循环功能，可为室内迅速升温或除湿，新风机组如图2.6-4所示。

（3）用水情况

安捷物联大厦的建筑用水主要包括生活用水、空调用水和消防用水。市政给水管网压力为 0.37MPa，中水管网压力为 0.36MPa。其中，给水泵房中，给水水箱一个，水箱容量为 4.5m³，水泵数量为 2 台。中水泵房中，中水水箱一个，水箱容量为 4.5m³，水泵数量为 2 台。地下室能源机房配备有 1 台容积式换热器自带电加热，用于冬季供给生活热水。其他季节，容积式换热器中的热水主要来自太阳能集热器和水蓄能槽，再输送至厨房和一～五层卫生间用热水。

（4）照明系统情况

采用多种照明系统，所有控制均为弱电控制，使照明系统更加安全可靠。公共区域可实现人来灯亮、人走灯灭。地下室车库照明系统采用智能 LED 灯具，在非停车高峰时段采用 20% 照度，会伴随物体的行驶方向逐渐调亮照度，做到"车来灯亮，车走灯暗"，使照明更加智能。

（5）其他设备情况

日常主要运行的 2 部电梯位于建筑内部中庭区域，经由电梯运营安全监控系统采集的电梯运营数据，可用于电梯日常管理、维保记录、维保提醒、工况评估、隐患防范等功能。数据机房全年利用地埋管内的低温水向行级空调系统供冷，保证数据机房室内温湿度要求。厨房位于一层，主要炊事设备用能为电力，不使用天然气，保持建筑室内环境安全清洁。

（6）人员信息情况

安捷物联大厦建筑类型为办公建筑，办公形式为自用集中办公。大厦设置有门禁系统，根据自身的管理要求进行人员出入管理。全年办公人数稳定在 300 人左右。门禁系统如图 2.6-5 所示。

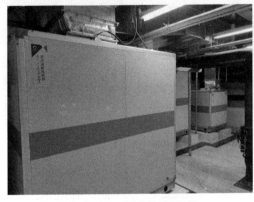

图 2.6-4　双冷源新风机组

图 2.6-5　大楼入口处人员打卡设备

2.6.2　实施情况

1. 总体方案概述

根据示范项目要求和目标，结合项目自身实际需求，制定了一套关于本建筑运行信息监测及管理的完整实施方案。具体包括安捷 Coral 平台、各类监测仪表点位、电能分项计量和能源管理系统等。通过安捷 Coral 平台，可以实现对建筑的配电室系统、各楼层分项用电系统、暖通空调系统、给水排水系统、室内外环境参数监测系统进行监测和数据采集，为能源管理分析、设备能耗分析提供依据。安捷物联大厦电能分项计量按建筑设施中不同用能系统进行分类采集和统计。

安捷物联大厦建筑能耗监管平台作为"十三五"国家重点研发计划"基于全过程的大数据绿色建筑管理技术研究与示范"的精品示范工程项目，需实施的内容如下：空调系统监测方面，风系统和水系统布置温度传感器92个，风系统湿度传感器12个，风系统和水系统压力传感器44个，免费冷、免费热、蓄冷蓄热、放冷放热、主机直供、地源侧取热排热等各系统、各工况的冷热量、流量、水温的计量、上传和储存，系统能量表14块。电力系统方面，所有设备电量分别计量、上传和储存，能源机房内总计70块电量表。室内环境监测方面，每个房间设置独立的温湿度面板，调节室内温度，监测室内温湿度，精确设定双冷源新风机组出风的露点温度。

2. 监测设备清单

安捷物联大厦建筑能耗监管平台加装的监测设备清单如表2.6-1所示。

加装监测设备清单

表 2.6-1

序号	设备名称	设备数量	监测内容
1	智能电表	52	建筑分项用能电表
2	智能电表	46	空调系统用能监测电表
3	冷热量表	14	暖通空调冷热水流量、冷热量监测计量
4	环境传感器	16	温度传感器
5	环境传感器	8	湿度传感器
6	环境传感器	16	$PM_{2.5}$ 传感器、二氧化碳传感器、VOC

3. 电能监测

本项目实现了对电力系统的全面计量，对配电房内所有供电回路进行了计量。表2.6-2为建筑10kV站馈线列表，表2.6-3为建筑电表位置及数量，表2.6-4为空调系统监测电表位置及数量，图2.6-6为电源柜，图2.6-7为空调系统电能监测控制柜。

建筑 10kV 站馈线列表

表 2.6-2

序号	馈线描述	负荷类型
1	安141-WLM1普通照明、安142-WLM3室外照明、安21-WLM2车间照明-断路器合位、安221-WLME1应急照明(主)	照明
2	安144-WLME2变电站(备)、安147-直流屏(备)、安133-充电桩预留、安138-地下室电井RD弱电箱、安123-备用、安222-WLME2变电站(主)、安225-直流屏(主)、安222-WLME2变电站(主)	其他
3	安121-WMP4普通动力、安122-暖通设备动力1、安242-暖通设备动力2、安243-暖通设备动力3	暖通
4	安236-1层AL展厅增加电箱、安241-WMP8电开水间、安231-1层厨房用电AL1、安231-1层厨房用电AL2	办公
5	安145-WLME3消控室(备)、安146-WLME4综合布线间(备)、安223-WLME3消控室(主)、安224-WLME4综合布线间(主)、安227-五层电井AP-UPS电源、安252-WMPE2消防泵房(备)、安253-WMPE3消防动力2(主)	消防安防
6	安233-WMP5给水泵房(备)、安234-WMP6中水泵房(备)、安134-WMP5给水泵房(主)、安135-WMP6中水泵房(主)	给水排水
7	安235-WMP7观光电梯(备)	电梯

建筑电表位置及数量	表 2.6-3
位置	个数
变电站主、备	2
暖通设备动力	3
普通动力	4
给水泵房、中水泵房主备	4
消防泵房动力主备	8
照明	2
电梯主、备	2
厨房用电	1
总计	26

空调系统监测电表位置及数量	表 2.6-4
位置	个数
地源热泵模块主机 1~8	8
机组空调侧地源侧水泵	4
免费冷蓄放能水泵	7
冷却塔水泵	2
双冷源新风机组 1~6	6
新风机组冷却循环水泵 1~6	6
新风换气机 1~3	3
太阳能蓄能单元	3
总计	39

图 2.6-6 电源柜

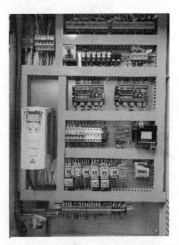

图 2.6-7 空调系统电能监测控制柜

4. 空调冷热量监测

安捷物联大厦夏季供冷为地板免费冷（利用土壤作为自然免费冷源向地面辐射末端供冷）。通过设置能量表，对建筑供冷季地板辐射末端耗冷量实时自动采集。安捷物联大厦总耗冷量的自动采集，通过安装在冷水总供回水管的 RL-12 能量表实现在线计量传输。总耗热量的采集，通过安装在位于集水器后端的地板辐射主供回水管的 RL-9 能量表实现在线计量传输。

安捷物联大厦采用管段式超声波能量表用于耗冷量和耗热量的计量。可输出多种流量和热量数值：瞬时流量、正累积流量、负累积计流量、净累积计流量、正累积热量、负累积热量、净累积热量、供水温度、回水温度等。安捷物联大厦能量表现场照片如图 2.6-8 所示。

技术参数：测量精度 2 级，满足《热量表》GB/T 32224—2015；测量周期：500ms；工作电源：隔离 DC8~36V 或 AC85~264V 可选；大流速，64m/s；热量单位：kWh、吉焦耳、千卡、BTU 可选；热耗计算：从 0.25K 开始，温度分辨率：0.01℃；温度范围：4~95℃，温差范围：3~75℃；环境温度：B 类-25~55℃；信号输入：3 路 4~20mA 模拟输入，精度 0.1%，可输入压力、液位、温度等信号；可连接三线制 PT100 铂电阻，

图 2.6-8　安捷物联大厦能量表现场照片

图 2.6-9　安捷物联大厦各区域
环境检测仪现场照片

实现热量测量；信号输出：1 路隔离 RS 485 输出，1 路隔离 OCT，1 路继电器输出，1 路 4～20mA 输出，1 路双向串行外设通用接口，可通过串联形式连接多个外部设备。

5. 环境监测

安捷物联大厦每层均安装有室内温湿度传感器、$PM_{2.5}$ 及二氧化碳浓度传感器，通过网络实现数据实时采集传输。室内环境监测设备位置及数量如表 2.6-5 所示，环境监测仪现场照片如图 2.6-9 所示。安捷物联大厦采用吸顶式室内气体环境检测仪，可同时监测二氧化碳、$PM_{2.5}$、VOC、温度和湿度等参数监测，技术参数如表 2.6-6 所示。

产品参数：支持 RS 485，WIFI，RJ 485 等主流数据传输方式，通过客户端可进行远程监控和管理，环境温度变化自动补偿灵敏度。探测范围 6m 圆周（高度为 3m），响应速度 5s 以内。根据《示范工程动态数据采集要求》的建议，测点应安装于公共区域人员活动区域距离地面 1.5m 高度处。

室内环境监测设备位置及数量　　　　表 2.6-5

位　　置	个　　数
室内温湿度（一～六层）	20
室内污染物（CO_2、$PM_{2.5}$、VOC）	20

安捷物联大厦采用温湿度独立控制空调系统，无形、无声、无风，具有高舒适度、低能耗的特点，打造"四季如春"的室内环境。温湿度独立控制空调系统分别控制、调节室

内的温度与湿度，全面控制室内热湿环境，避免了常规空调系统中温湿度联合处理所带来的能量损失和不舒适感。系统内各设备设有电量监测，各环路设有温度、压力和能量检测，室内设有温湿度和污染物监测，且全系统设备可远程控制。

吸顶式室内气体环境检测仪技术参数　　　　　　　　　　　　表 2.6-6

测参数	量程	精度	分辨率
二氧化碳	0～2000ppm	%	1
$PM_{2.5}$	0～6000$\mu g/m^2$	15%	1
温度	−20～60℃	±0.5℃	0.1
湿度	0～100%	7%	0.1

6. 人员监测

安捷物联大厦为自用集体办公楼，用户单一，每日常在室办公人数相对固定。人员从大楼统一入口进出大楼，大楼入口处设置有考勤设备，设备有指纹打卡和刷脸功能，用于统计常在楼内人数。

2.6.3 基于监测数据的分析预测

1. 用能评价分析

根据平台监测的数据，对安捷物联大厦月度总用电量进行统计分析，如图 2.6-10 所示，大楼用电量峰值出现在供冷季（7～8月）和供暖季（12～1月）。大楼总建筑面积为 17768.73m^2，累计能耗为 868298kWh。计算得到单位面积能耗指标为 66kWh/(m^2·a)，低于寒冷地区单位面积能耗指标均值 100kWh/(m^2·a)。

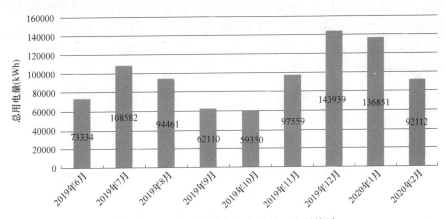

图 2.6-10　安捷物联大厦月度总用电量统计

为进一步对大楼用能进行分析，从平台获取各分项用能情况，如图 2.6-11 所示。分项电耗运行数据表明，供冷用能和供暖用能占比达到 50% 左右，在所有分项中占比最高。其次为照明用电，占建筑总能耗比例处于 20%～30% 水平。信息机房、电梯和厨房用能占建筑总能耗比较低，且受月份变化影响较小，月耗电量处于相对稳定水平。可以看出，空调系统的节能诊断与优化尤为重要。通过空调系统用能监测、冷热量监测、温湿度监测控制和能源互联网等形式，开展用能诊断，通过能源监测管理和运行策略，挖掘节能潜力。

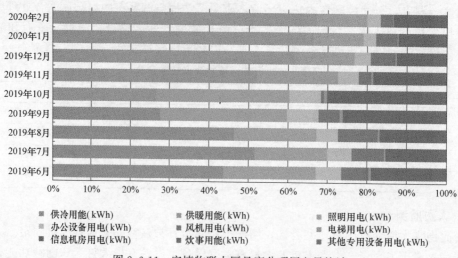

图 2.6-11 安捷物联大厦月度分项用电量统计

2. 用能诊断预测

结合安捷物联大厦绿色建筑大数据管理平台对建筑用能情况进行诊断分析。安捷物联大厦具有蓄冷、蓄热、太阳能直供、太阳能蓄热、地源热泵主机直供等多种工况，关键在于各工况的启动与关闭的精准控制。在供冷季（6~8月），空调系统各个分项用电分布情况显示，新风部分耗电量占比最高，达到44%。这是由于双冷源新风系统承担建筑末端全部新风调节，同时在高湿天气直膨机的开启也会增加耗电量。

本项目配置了6台双冷源新风机组，直膨机段在高湿天气开启，用于除湿。根据现场获得的电能表数据，供冷季双冷源新风机组总耗电量为85385kWh，供冷季双冷源新风机组单位面积耗电量为$6.47kWh/m^2$。该部分耗电量较高，可以通过在预冷段引入免费冷源，直膨机段进一步深冷的方式进行优化调控。因此，可以通过对新风机组控制逻辑进行改进，进一步降低能耗。双冷源新风机组用电情况如图 2.6-12 所示。

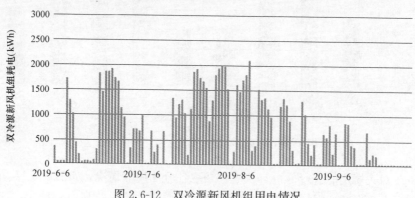

图 2.6-12 双冷源新风机组用电情况

供冷季空调主要用能涉及地源热泵机组用能（机组）、地源侧水泵用电（冷却侧循环泵）、空调侧水泵（冷冻水循环泵）用电。根据安捷物联大厦绿色建筑大数据管理平台数据诊断，冷水机组用能较高，该部分耗电主要来自地源热泵模块用能，分析原因为本项目整个供冷季主机直供系统（地源热泵模块启动）一直处于调试阶段，工况尚不稳定。

空调免费冷部分的节能潜力，可以通过调节自控系统进行改进，由于地面辐射末端存在滞后性，可通过增加前馈自控系统，以室内温度为导向，精准控制供冷量。能耗诊断的一系列问题，可以通过匹配安捷能源路由器，由能源路由器提供含有各设备控制参数的运行策略，保证系统高效节能。

3. 用能系统优化运行

安捷物联大厦用能系统优化主要通过"IOT监控平台＋物联网可控硬件＋运行策略"实现。安捷物联大厦具有蓄冷、蓄热、太阳能直供、太阳能蓄热、地源热泵主机直供等多种工况，各工况的启动与关闭则由安捷能源路由器进行准确计算，并由能源路由器提供含有各设备控制参数的运行策略，同时根据室外环境变化调整运行策略。保证系统高效节能，避免浪费。

根据平台监测数据，获得地板辐射逐日供冷量。主要用能单元为免费冷系统和蓄能放能系统，通过平台分项电量采集，获得冷源耗电量数据。在"免费冷系统＋蓄能和放能系统"工况条件下，供冷季日综合 COP 平均值为 12.6。通过采用温湿度独立控制空调系统，结合能源路由器提供的设备控制参数运行策略，在保证室内环境具有高舒适度的前提下，实现能效水平大幅提升。地板辐射供冷综合 COP（逐日）如图 2.6-13 所示。

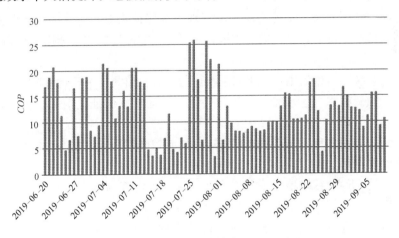

图 2.6-13 地板辐射供冷综合 COP（逐日）

2.6.4 实施效果评价

按照示范工程各个监测项目要求，安捷物联大厦的能耗监测范围涵盖了建筑总用电和分项用电、空调冷（热）量、用水、室内环境和建筑人员数量等指标。通过大数据平台的监测和分析，实现了对建筑各项能耗统计预测、KPI 分析、用能诊断等功能，可用于指导建筑设备实际运行工况和策略调整等。绿色建筑大数据管理平台的应用，为办公建筑更加精细化地运维管理提供了有力支撑。

大数据平台的 KPI 分析模块中，月度单位建筑面积电耗指标 5.5kWh/m^2，折算为2019 年度单位面积能耗指标为 66kWh/($m^2 \cdot a$)（由于月度电耗数据主要覆盖供冷季，以此为基数折算成全年指标会导致折算值比实际值偏高），能耗水平优于《天津市公共建筑能耗标准》DB/T 29-249-2017 中规定的商业办公建筑非供暖能耗指标约束值

70kWh/(m^2·a)。月度单位建筑面积供冷用能指标为 2.7kWh/m^2（2019 年 6～8 月）低于同类建筑中供冷用能指标。

供冷季（2019 年 7～8 月）日单位建筑面积耗冷量指标为 0.9GJ/m^2。供暖季（2019 年 12 月至 2020 年 1 月），日单位建筑面积耗热量指标为 1.4GJ/m^2，低于同类建筑中耗热量指标。

供冷季经济性：根据监测数据测算得到夏季供冷费用在 3～8 元/m^2。根据制冷季统计结果，供冷季谷电时段耗电量为 24368kWh，相对于常规策略，本项目一个供冷季通过峰平谷电时段运行调整策略可节约运行费用 13525 元[①]。供热季经济性：安捷物联能源互联网大厦冬季供热费用约 11 元/m^2，远低于天津地区市政热网收费（40 元/m^2）。

室内环境方面，室内主要空气污染物的浓度（二氧化碳、PM$_{2.5}$）以及房间内的温度、湿度参数低于现行国家标准《民用建筑供暖通风与空气调节设计规范》GB 50736。通过优化空调系统，降低室内二氧化碳浓度，进一步改善空气清新度。室内在室人员不会有"闷"感。通过监测平台获得安捷物联大厦某日温湿度、二氧化碳浓度情况，各个区域平均二氧化碳浓度值（600ppm）均满足标准中各个区域二氧化碳浓度值（1000ppm）限值要求。

可再生能源利用方面，安捷物联大厦实现了浅层地热能、空气能与太阳能的综合利用，可达到对环境零排放、零污染的效果。由可再生能源提供的空调用冷量和热量比例超过 50%。

给水排水系统：对生活用水、中水系统进行全方位监测。采用远程监控无人值守的运行模式，实时监测给水泵、水箱等关键设备运行状态，在保证建筑安全供水需求的基础上，做到精细化管理。

照明系统：采用多种照明系统实现管理，所有控制均为弱电控制，使照明系统更加安全可靠。公共区域可实现人来灯亮、人走灯灭。

变配电系统：通过移峰填谷等节能降费措施，可实现降低用能费用 20% 以上，结合容改需等相应政策，可实现基本电费降低 30% 以上。

安捷物联大厦通过大数据平台实现了建筑运行能耗数据的在线统计预测、分析和诊断，有助于降低建筑总能耗、空调等分项能耗和提升室内环境质量，在保证建筑各系统和设备安全高效运行的同时，可以不断优化和指导设备运行管理，提高建筑室内的健康舒适度，最终产生整体经济和社会效益。

2.6.5　可推广的亮点

在示范项目应用过程中，总结的可推广亮点有：

（1）安捷物联大厦绿色建筑大数据管理平台应用。可以实现对建筑各项能耗实时统计预测，同时具有在线 KPI 分析和用能诊断等功能，可用于指导建筑设备和系统工况调整，提供运营策略指导等。

（2）安捷能源路由器。将 IOT 监控平台、物联网可控终端及人工智能策略有机结合。通过对用能需求侧进行大数据精准预测，实现与能源供给侧多种供能方式的精准匹配，实

---

① 王江华等. 安捷办公大楼夏季空调系统及运行效果分析 [J]. 建设科技，2020（06）：73-76.

现高效经济用能。

（3）充分利用可再生能源，采用多项建筑节能技术。采用水蓄能技术，既能蓄冷又能蓄热，有效利用峰谷电价差节约费用。采用自然免费冷源结合地板辐射末端为建筑供冷。空调系统的能源部分由地源热泵系统、水蓄能系统和太阳能光热系统组成，合理利用地下低温土壤作为自然免费冷源，充分利用太阳提供的自然免费热源。

（4）项目经济性。基于绿色建筑大数据管理平台应用，安捷物联大厦侧重智慧能源管控和运行策略的有机结合。与同类项目相比，在不显著增加投资的情况下，实现建筑智慧运维并保证建筑室内健康舒适，通过节约能源，最终产生整体经济和社会效益。

精品示范工程实施单位：北京建筑技术发展有限责任公司

2.7 吴江大厦

2.7.1 项目概况

1. 楼宇概况

吴江大厦位于江苏省苏州市吴江区开平路 1000 号，于 2009 年投入使用，属于机关办公建筑。吴江大厦为双子楼结构，地上 20 层，局部 22 层，地下 1 层，局部地下 2 层，总建筑面积 92887m^2。建筑外观如图 2.7-1 所示。

图 2.7-1 建筑外观图

2. 用能概况

吴江大厦的能源与资源消耗种类主要为电和水。主要的电量消耗设备有办公设备、照明、电梯、空调、信息中心等，建筑用电系统较为复杂，能耗量大。

吴江大厦原有的建筑能耗监管系统末端监测点布置如下：

（1）地下总配电室电量监测系统：共监测电量计量仪表 96 块；

（2）建筑总水量监测系统：安装水量监测仪表 1 块；

（3）空调系统冷热量监测系统：共安装超声波热量表 2 块。

吴江大厦已建成总面积 120m^2 的吴江市公共机构能耗监测数据中心，具备完善、先进的数据展示系统、数据监控与分析系统。平台涵盖建筑用电、用水、地源热泵空调冷（热）量的监测，能源监测种类全面，且监测程度细致（对电进行分项计量、分楼层计量，对水进行总量监测计量，对地源热泵空调冷（热）量进行总量监测计量）。平台结合大厦物业管理和部门用能考核等要求，开发了丰富实用的报表系统，如：配电室抄表系统报表、建筑用电统计报表、空调系统用电统计报表等，简便实用，为能耗管理部门进行部门考核提供依据，为空调系统的节能调控打下坚实基础。该平台获江苏省住房和城乡建设厅建筑节能类项目验收评比"优秀"，总分排名第一，为吴江大厦争取到节能专项引导资金奖励32.67万元。

吴江大厦的建筑能耗主要为建筑用电和建筑用水，无天然气消耗。

建筑用电由地下一层的高压配电室供应，两路10kV市政高压供电进线，配备8台干式变压器，1号、2号变压器为空调系统设备用电，3号、4号变压器为辅楼人民剧院用电，5号、6号变压器为吴江大厦主楼用电，7号、8号变压器为人民剧院舞台灯光用电。变压器低压侧基本按照分项计量的方式进行电气回路的设计，各配电支路功能清晰，各分项用电均设置独立开关，故可对整个建筑实现分项计量。该配电系统承担整个吴江大厦的全部用电负荷，且在高低压侧均装有电量计量表，可全面测试电压、电流、功率、有功电量等电力参数。

建筑用水主要包括生活用水和消防用水，由一路市政总入户管供应。

吴江大厦十二层以上办公区域空调采用VRV多联机系统，多联机空调室外机共计49台，总功率为2097kW；各办公楼层设有新风机组；大厦一～十一层的空调系统末端形式为风机盘管加新风系统，全部风机盘管与新风机组的冷热源为位于地下室的中央空调机房。

中央空调机房内有3台螺杆式地源热泵机组，其中1台为普通型地源热泵机组，2台为高温热回收地源热泵机组。建筑周边共有地埋管井630口（双U形），设置1台闭式冷却塔，夏季极端情况下使用。空调侧循环水泵4台，其中2台水泵功率为37kW（一用一备），另2台水泵功率为75kW（一用一备）；地源侧循环水泵4台，其中1台水泵功率为75kW，3台水泵功率为37kW（两用一备）；冷却水循环泵3台（两用一备），单台水泵功率为18.5kW。空调系统主机设计工况：夏季供给空调系统7℃/12℃的冷水，冬季供给45℃/40℃的空调供暖热水。冬夏转换采用双位电动蝶阀控制，空调侧水系统和冷却塔水系统均采用一次泵定水量系统，土壤换热器侧采用变流量系统。地源热泵空调系统设备型号及参数如表2.7-1所示。

地源热泵空调系统设备型号及参数　　　　　　表2.7-1

设备名称	台数	品牌、型号	技术参数
地源热泵机组	2	克莱门特 PSRHHD7204-Y	额定总制冷量2172.7kW,额定功率408.2kW,设计冷水系统供/回水温度12℃/7℃；额定总制热量2273.6kW,额定功率493.7kW,设计热水系统供/回水温度40℃/45℃
地源热泵机组	1	克莱门特 PSRHH3602-Y	额定总制冷量1153.3kW,额定功率181.8kW,设计冷水系统供/回水温度12℃/7℃；额定总制热量1173.3kW,额定功率248.7kW,设计热水系统供/回水温度40℃/45℃
冷热循环水泵1号、2号	2	格兰富 NBG200-150/315	额定总功率75kW,额定流量400m³/h,额定扬程38m
冷热循环水泵3号、4号	2	格兰富 NBG150-125/315	额定总功率37kW,额定流量200m³/h,额定扬程38m,变频

续表

设备名称	台数	品牌、型号	技术参数
地源侧循环水泵 1号、2号、3号	3	格兰富 NBG150-125/315	额定总功率 37kW,额定流量 210m³/h,额定扬程 38m,变频
地源侧循环水泵 4号	1	格兰富 NBG200-150/315	额定总功率 75kW,额定流量 420m³/h,额定扬程 38m
冷却塔侧循环水泵 1号、2号、3号	3	格兰富 NBG125-100/315	额定总功率 18.5kW,额定流量 160m³/h,额定扬程 28m
闭式冷却塔	1		额定水流量 300m³/h

吴江大厦作为政府办公类建筑,用能人数多、人流量较大、对室内环境的舒适度要求较高。目前各楼层虽配有新风系统,但缺乏对室内环境参数的实时监测,新风系统也缺乏相应的联动机制,室内环境情况没有直观的监测数据。

吴江大厦常驻办公人员数量相对固定约 2000 余人,由于是政府办公类建筑,每日临时办事人员流量较大,而用能人数是建筑能耗的重要影响因素之一,故需采集每日的人员数量对建筑能耗指标进行辅助分析。

2.7.2 实施情况

1. 总体实施情况

吴江大厦建筑能耗监管平台作为"十三五"国家重点研发计划"基于全过程的大数据绿色建筑管理技术研究与示范"的精品示范工程项目,自 2018 年 5 月以来,先后完成了方案编制、方案论证、设备购置、现场施工、设备调试及数据上传,项目进展顺利,系统运行稳定,能效提升已初见成效。

该示范工程实施的内容如下:

(1) 建筑电耗计量:自动采集,总配电室电表 96 块;

(2) 建筑水耗计量:自动采集,建筑用水总表 1 块;

(3) 建筑热耗计量:自动采集,空调冷热量总表 2 块;

(4) 建筑环境参数监测:自动采集,室内环境测点 12 个;

(5) 建筑室内人员信息计量:自动采集,主要出入口 2 个;

(6) 地源热泵中央空调 BA 系统接入:自动采集,监测空调系统运行参数。

2. 加装监测设备清单

吴江大厦建筑能耗监管平台加装的监测设备清单如表 2.7-2 所示。

加装监测设备清单 表 2.7-2

序号	设备名称	原有/新增	设备品牌	设备型号	设备数量	作用
1	智能电表	原有	斯菲尔	SFERE-PD194	96	建筑用电总量计量、分项计量
2	智能水表	原有	上海巨贯	TUF-2000S	1	建筑用水总量计量
3	冷热量表	原有	湖南威铭	WMLR	2	空调系统冷热量总量计量
4	环境传感器	新增	爱博斯蒂	iBest-REM-4W-1	12	监测室内环境
5	人员统计设备	新增	俊竹科技	JZ-COUNT 03	2	监测建筑用能人数
6	温度传感器	原有	Siemens	QAE2164.010	2	监测空调冷却水供回水温度

3. 电能监测

根据《示范工程动态数据采集要求》，吴江大厦变电所共有低压侧配电回路 96 个，实现了建筑用电的总量计量和分项计量。

变电所内原有电表为多功能电表 SFERE-PD194，该电表的施工现场图如图 2.7-2 所示。

图 2.7-2　变电所电表安装现场图

4. 用水监测

吴江大厦建筑能耗监管系统已实现了建筑用水的总量计量，智能水表（型号 TUF-2000S）安装于建筑用水总进户管上。

5. 空调能耗监测

吴江大厦的地源热泵中央空调系统已经安装了超声波热量表，实现了高区、低区的空调系统冷热量计量。

吴江大厦建筑能耗监管系统采用超声波智能表威铭 WMLR 计量空调系统冷热量，监测累计用热量、流量、供回水温度等多项参数。该超声波热能表为管段式安装、法兰连接，其安装位置示意图如图 2.7-3 所示。

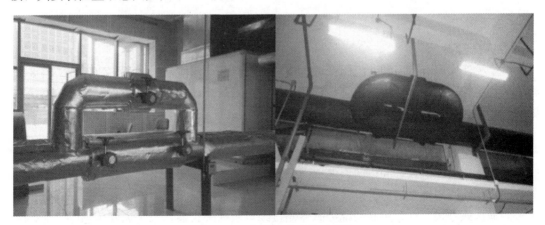

图 2.7-3　智能热表安装示意图

6. 环境监测

吴江大厦共安装了环境参数检测仪 12 个。环境参数采集采用 iBest-REM-4W-1 吸顶式空气品质多参数检测仪，该装置可同时采集室内温度、湿度、CO_2 和 $PM_{2.5}$ 四个参数，其安装现场和通信示意图如图 2.7-4、图 2.7-5 所示。通过 Zigbee 协议转换成 Modbus 协议上传至智能网关，可方便地解决空气品质多参数检测仪在室内的安装和布线问题。

图 2.7-4 吸顶式空气品质多参数检测仪及现场安装图

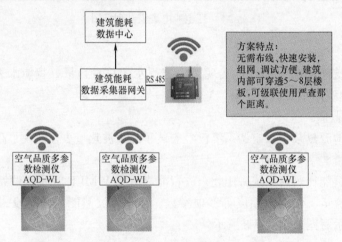

图 2.7-5 吸顶式空气品质多参数检测仪通信示意图

7. 人员监测

由于吴江大厦有南门和北门两个进出口，需设置 2 个监测点。采用 JZ-COUNT 03 人流量采集摄像头，该装置可分别统计建筑的进、出人数。该设备采用吊顶安装，其安装现场图如图 2.7-6 所示。

8. 空调运行参数监测

吴江大厦的中央空调智能群控系统中安装了 4 个温度传感器、2 个压差传感器，实时监测空调侧与地源侧总管的供回水温度、分集水器压差，安装了 2 套变频控制柜，实时调节空调侧与地源侧水泵的运行频率。温度传感器现场安装如图 2.7-7 所示。

数据接入方式：在原控制系统传感器侧接线至数据采集器，采集温度传感器、压差传感器的数据。

图 2.7-6 人员流量采集摄像头及现场安装实物图

图 2.7-7 温度传感器现场安装图

2.7.3 基于监测数据的分析预测

1. 用能评价分析

2019 年吴江大厦的能耗总量为 1952488.38kgce，能耗强度为 21.02kgce/m^2，低于标准化能耗强度 23.99kgce/m^2。吴江大厦总能耗评价如图 2.7-8 所示。

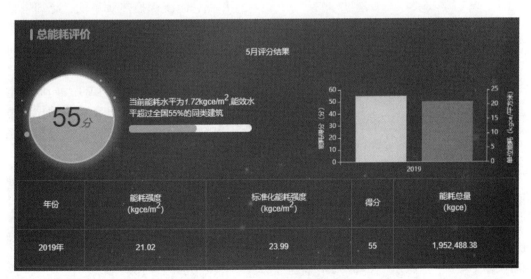

图 2.7-8 吴江大厦总能耗评价

选取吴江大厦在全国绿色建筑大数据管理平台 2020 年 5 月的能耗数据进行具体的用能分析。如图 2.7-9 所示，三级分项用电中，供冷用能和照明与办公设备用电最大，分别占建筑总用电的 36.06％和 35.42％。

如图 2.7-10 所示，吴江大厦的地源热泵中央空调系统能耗中冷水机组用电量最大，占 65.04％。

2. 用能诊断预测

利用全国绿色建筑大数据管理平台对建筑总用电进行了预测，吴江大厦的实际用电量较预测总用电量小。2020 年 6 月 6 日吴江大厦的预测总用电和实际总用电如图 2.7-11 所示。

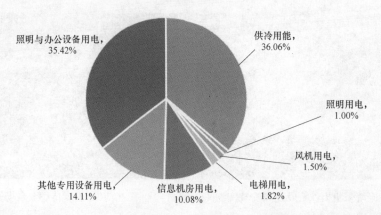

图 2.7-9　2020 年 5 月吴江大厦建筑三级分项用电占比

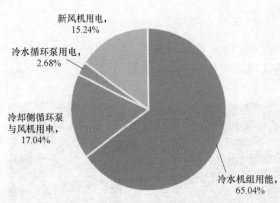

图 2.7-10　2020 年 5 月吴江大厦
建筑空调分项用电占比

根据全国绿色建筑大数据管理平台对吴江大厦的用能诊断可知，吴江大厦的地源热泵中央空调系统能耗较低，存在"大马拉小车"、冷机运行效率低、冷凝侧换热效率低、冷却塔处理不足等问题。吴江大厦的建筑负荷是 $0.1942kWh/(m^2 \cdot d)$，制冷时，每当室外温度上升 1℃，吴江大厦的日能耗就会增加 5677.5kWh/d。通过空调系统节能改造，可大大节约建筑电力消耗。吴江大厦节能潜力分析如图 2.7-12 所示。

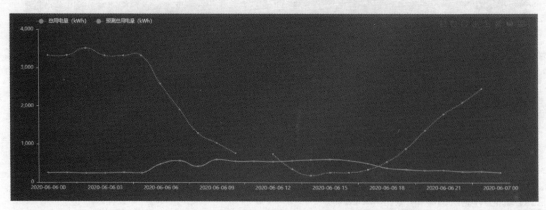

图 2.7-11　2020 年 6 月 6 日吴江大厦的预测总用电和实际总用电

3. 用能系统优化运行

通过对地源热泵中央空调系统智能控制改造，实现了根据系统反馈的运行数据连续调节设备的运行工况，提升了空调系统的能效。中央空调群控系统优化运行界面如图 2.7-13 所示。

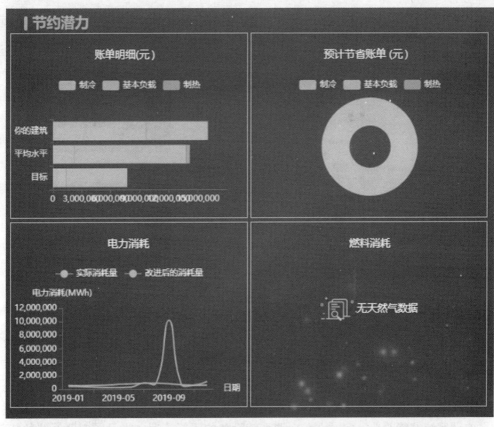

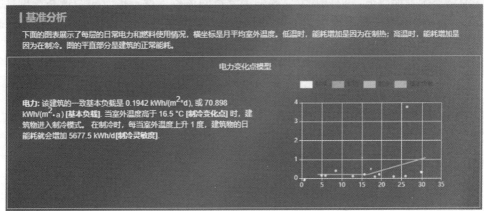

图 2.7-12 吴江大厦节能潜力分析

改造后，2019 年 6 月 4 日～2020 年 6 月 3 日，吴江大厦的地源热泵中央空调系统实现了年节电量 294455kWh，年节电率 21.7%。

2.7.4 实施效果评价

监测种类涵盖了建筑用电、用水、地源热泵空调冷（热）量、室内环境质量、建筑人员数量等，监测种类全面，监测内容深入。

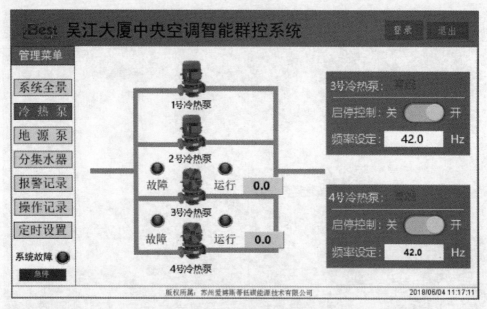

图 2.7-13　中央空调群控系统优化运行界面

另外，接入了吴江大厦中央空调智能群控系统，实时监测空调侧与地源侧总管的供回水温度、分集水器压差、空调侧与地源侧水泵的运行频率，可评价空调系统运行效率。

吴江大厦采用 3 台地源热泵机组集中供冷、供热，额定总制冷量 5500kW，额定总制热量 5700kW，2014～2017 年吴江大厦空调系统年平均用电量为 135.67 万 kWh。通过地源热泵空调系统节能改造，实时调节空调系统设备的运行工况，提升了空调系统的能效，2019 年 6 月～2020 年 6 月系统年节电量 294455kWh，年节电率 21.7%。中央空调系统节能效果计算如表 2.7-3 所示。

中央空调系统节能效果计算表　　　　　　　　　　　　　　　表 2.7-3

节能分享期仪表读数	2T3 热泵机组 1,3	1T3 热泵机组 2，冷媒泵×4	2T4-1 冷却塔循环泵	2T4-5 冷却泵
2019 年 6 月 4 日抄表数	6025783	6554957	177711	1588394
2020 年 6 月 3 日抄表数	6655235	6861816	191903	1700163
用能量（kWh）	629452	306859	14192	111769
总用能量（kWh）	1062272			
用能参考值（kWh）	1356727			
节能量（kWh）	294455			
节能率	21.7%			

注：用能参考值 1356727kWh 为吴江大厦 2014～2017 年的空调系统平均用电量。

2.7.5　可推广的亮点

（1）将大数据平台与空调智能控制系统相结合，实现系统优化运行，节能效果显著。

吴江大厦原来已建有一套冷热源设备自动控制系统和末端控制系统，可实现所有空调设备的远程手动控制，也能够依据系统运行情况做出一定的制冷量调节，但缺乏空调系统整体的节能优化控制策略,系统运行效率较低。

通过空调系统用电量、冷热量的连续监测评价,发现系统效率较低。重点针对地源热泵系统进行节能改造,采用合同能源管理模式,效益分享期5年。通过安装中央空调智能控制系统连续性调节设备的运行工况,提升了空调系统的能效水平,系统年节电率21.7%。

改造后,吴江大厦的地源热泵中央空调系统实现了年节电量294455kWh,5年可节约147万kWh。同时,相当于节约了588tce,减少污染排放399.5t碳粉尘、1500t CO_2、44t SO_2、22t NO_x。

(2)增加数据修复技术,对突变、缺失等异常数据进行修复,提升大数据平台数据质量。

吴江大厦的大数据平台监测数据显示,2019年4月的原始数据完整率为99.0%、5月的原始数据完整率为88.2%。经数据修复后,4月和5月的数据完整率分别提高至99.5%和99.4%,且修复数据的相对误差较小,完全满足平台数据的精度要求。数据修复后,吴江大厦的平台数据完整率达到了较高的水平,更有利于能耗数据的统计分析。

精品示范工程实施单位:苏州爱博斯蒂低碳能源技术有限公司

2.8 苏州太湖新城公立小学

2.8.1 项目概况

1. 楼宇概况

华东师范大学苏州湾实验小学位于苏州市重点规划区域太湖新城启动区内，北临子文街，南临滨湖路，西临七子水街，东临天鹅东路。用地面积 71303m²，总建筑面积 52871.95m²，其中地上建筑面积 38814m²，容积率 0.70，建筑密度 23%，绿化率 30%；地下建筑面积 17877m²；环境特征为建筑物除无线覆盖、网络通信、电视等弱电机房属防静电、防强磁场场所，水泵房、卫生间为潮湿场所，其余为一般环境，华东师范大学苏州湾实验小学建筑效果如图 2.8-1 所示。

图 2.8-1 建筑外观图

2. 楼宇系统信息

太湖新城小学内主要建筑有 8 栋，其中 1 号为行政办公楼，2～6 号为教学楼，7 号为活动中心，8 号为食堂。

地下车库一层设置一座 10kV 用户变电所（内附 2×1250kVA 变压器），为校区内的能耗设备提供电力，校区内的能耗种类主要为电耗、气耗和水耗。电耗方面主要包括办公教学设备、照明、电梯、空调等用电，气耗为食堂用气，水耗为日常生活用水、空调用水、消防用水及绿化用水等。

1）电能使用情况

电能的使用情况主要为 1～8 号楼的照明（照明和插座、走廊和应急照明、室外景观照明等）、空调（VRV 空调和单体空调）、动力（电梯、水泵、通风机等）和特殊用电

（餐厅、食堂）。

2）空调使用情况

校区内的 1 号楼和 7 号楼的空调为 VRV 多联机系统，其他楼宇采用分体空调，空调使用情况如图 2.8-2 和图 2.8-3 所示。

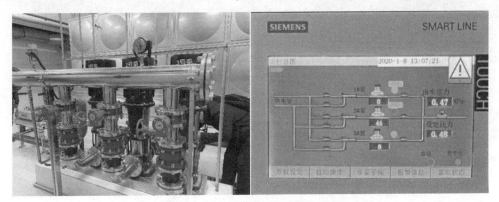

图 2.8-2　VRV 多联机空调使用情况

图 2.8-3　分体空调使用情况

3）用水情况

校区内共八栋建筑，主要用水为生活用水、餐厅食堂用水、消防用水和绿化用水等，餐厅食堂的部分热水用水通过太阳能热水系统供给，校区的太阳能热水系统如图 2.8-4 所示。

4）气能源使用情况

校区使用天然气主要是食堂，天然气管道是从市政供气总管到校区食堂，装有燃气公司的计费表，校区的能源管理系统没有安装单独计量的燃气表，校区食堂的燃气表如图 2.8-5 所示。

图 2.8-4 太阳能热水系统

图 2.8-5 燃气公司燃气表

5）人员信息情况

学校职工和学生人数基本稳定，人数可以统计。流动办事人员人数无法统计。

2.8.2 实施情况

1. 总体方案概述

考虑到本项目能源类型的多样性，在平台架构建设上考虑了多种能源类型的综合分析与应用，包括水、电、环境参数等，同时为其他能源类型提供了接口应用，后期项目建设中如有其他能源接入系统，不用单独对系统进行再次开发，除项目的可扩展性外，本平台在建设中还遵循了可比性、开放性、准确性和安全性原则，能耗管理平台由监测建筑中的各计量装置、远控（测控）装置或仪表、数据采集器、数据中心组成。

苏州湾小学能耗监管平台作为"十三五"国家重点研发计划"基于全过程的大数据绿色建筑管理技术研究与示范"的精品示范工程项目，实施的内容如下：

（1）电和水能耗计量的建设：安装智能电表和水表，实现对建筑的电、水能耗计量。

（2）环境监测设备的建设：实现对校区空气质量的监测。

（3）采集网关（数据采集器）的建设：实现对建筑的电、水能耗信息采集，它通过信道对其管辖的各类表计的信息进行采集、处理、存储和反控，并通过 GPRS/有线方式与数据中心交换数据。

（4）数据中心：采集并存储其管理区域内监测建筑的能耗数据，并对本区域内的能耗数据进行处理、分析、展示和发布。

（5）燃气能耗的采集：采取人工定期抄表，并将抄表数据由人工录入绿色建筑大数据管理平台。

（6）人员数量统计：由人工定期统计人员信息情况，并将统计结果录入绿色建筑大数据管理平台。

2. 设备层描述

设备层包含：远传多功能电表、水表和环境监测模块。

（1）校区内用电能耗的分项计量

实现对全校区和各单独楼宇用电支路的分项用电监测，实现照明插座用电、空调用电、动力用电、特殊用电的分项计量。

1）照明插座用电

照明插座用电包括校区内的照明灯具和从插座取电的室内设备，如计算机等办公设备；若空调系统末端用电不可单独计量，空调系统末端用电应计算在照明和插座子项中，包括全空气机组、新风机组、空调区域的排风机组、风机盘管和分体式空调器等。

2）空调用电

空调用电包括校区内的1号、7号楼的VRV多联机空调系统和其他楼的分体式空调。

3）动力用电

动力用电校区内的电梯、水泵用电、通风机等。

4）特殊用电

特殊区域用电为校区内的餐厅食堂。

5）针对用电分项计量情况，安装了85块智能电表对校区内的电力能耗进行计量，具体配置情况如表2.8-1所示。

校区内用电计量仪表设置明细   表2.8-1

楼号	应急照明	公共照明	一般照明	空调配电箱	弱电配电箱	厨房照明	动力
1	1	1	6	6			
2	1	1	3	3			
3	1	1	3	3	1		
4	1	1	4	4	1		
5	1	1	3	3	1		
6	1	1	3	3	1		
7	1		5	4	5		
8	1		3	3	1	2	1
车库	1		3		1		3
总计	9	6	33	29	12	2	4

6）电表现场安装情况

电表采用江苏伊顿嵌入式远传多功能电表，电表具有监测三相电压、三相电流、有功功率、无功功率、有功电能、无功电能等参数，精度1级，现场安装图片如图2.8-6所示。

图 2.8-6 电表现场安装图片

（2）校区内用水能耗的分项计量

1）实现了对校区总用水、各楼宇总用水和其他用水计量监测和实现用水管网的平衡分析。各区水表分布情况如表 2.8-2 所示。

水表监测点位配置 表 2.8-2

序号	楼宇名称	水路装表名称	公称直径	表具要求	数量	备注
1	1号楼	总进水1	DN65	光电直读	1	
2	2号楼	总进水1	DN80	光电直读	1	
3	3号楼	总进水1	DN65	光电直读	1	
4	4号楼	总进水1	DN80	光电直读	1	
5	5号楼	总进水1	DN65	光电直读	1	
6	6号楼	总进水1	DN65	光电直读	1	
7	7号楼	总进水1	DN50	光电直读	1	
8	8号楼	总进水1	DN65	光电直读	1	

注：1号～8号水表监测同各楼电表监测共用网关。

2）水表采用智能水表，精度 2 级，现场安装照片如图 2.8-7 所示（图片的上面 2 张为校区的总表，下面 1 张为区域分表）。

水表安装在水平直管段，水表前后设置检修阀门。水表采取外供电模式，经光电直读模块转换成 RS485 信号，传输至就近的区域网服务器。

3）环境监测模块采用吸顶式或挂墙式安装，分别在学校的三个公共区域。实时在线监测温湿度、二氧化碳浓度及 $PM_{2.5}$ 浓度。

（3）环境监测

1）实现对校区各楼宇每层空气质量进行监测。空气质量监测仪设备 1 号有吊顶，监测仪吸顶安装，管线敷设在吊顶内，安装在弱电井旁。7 号楼安装在乒乓球室，管线沿顶部框架敷设。其余楼宇监测仪安装在弱电井旁距地 2.5m，管线穿墙敷设。空气质量采集网关安装在弱电井内，网络线缆接入到学校交换机，设备的配置如表 2.8-3 所示。

图2.8-7　水表现场安装图片

空气质量监测点位配置　　　　　　　　表2.8-3

序号	楼宇名称	安装位置	数量	安装方式
1	1号楼(体验中心)	4层楼层弱电井旁	1	吸顶安装
2	2号楼(中年级教学楼)	顶层楼层弱电井旁	1	挂墙安装
3	3号楼(专业楼)	顶层楼层弱电井旁	1	挂墙安装
4	4号楼(高年级教学楼)	顶层楼层弱电井旁	1	挂墙安装
5	5号楼(专业楼)	顶层楼层弱电井旁	1	挂墙安装
6	6号楼(低年级教学楼)	顶层楼层弱电井旁	1	挂墙安装
7	7号楼(体育楼)	顶层乒乓球室,吊顶框架	1	管线敷设于吊顶框架
8	8号楼(餐厅宿舍)	顶层楼层弱电井旁	1	挂墙安装

注:每楼弱电井内安装1台数据采集网关,网络接入到学校交换机。

2)空气质量监测设备现场情况如图2.8-8所示。

3. 通信层描述

(1)通信模块采用北京建工DESP网络交换机。现场仪表采用RS-485两线制Modbus通信协议,经RS485转TCP/IP服务器至网络交换机。通过光纤网络,至中心服务器能源监管平台,现场照片如图2.8-9所示。

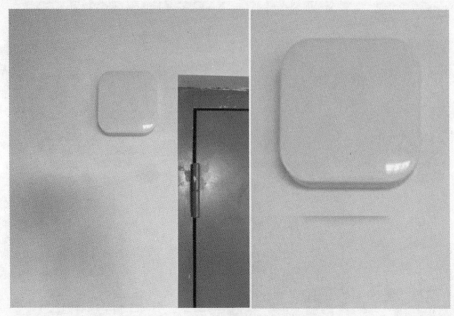

图 2.8-8 环境监测模块现场安装图片

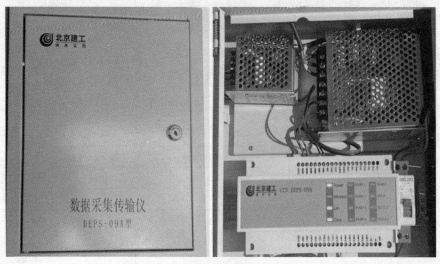

图 2.8-9 通信层设备现场安装图片

（2）通信传输方式

1）电表数据传输：RS-485 两线制至通信转换服务器，点对点连接。

2）水表数据传输：RS-485 两线制至通信转换服务器，点对点连接。

3）燃气表数据传输：人工每月录入。

4）环境监测模块数据传输：RS-485 两线制至通信转换服务器，点对点连接。

4. 数据中心描述

（1）概述

数据中心（能源管理平台）完成对校区的能源管理、设备监控、管理诊断、告警管理、报表管理和系统管理等功能。

1）能源管理：通过能耗总览界面了解校区的能耗种类、能耗总量、电耗的分项能耗和各建筑的能耗排名等；可查询建筑的总能耗和各建筑的分能耗及横向、同比、环比的分析等；可进行校区及各建筑能耗的趋势预测和能耗公示等。

2）设备监控：对校区内 VRV 多联机空调系统的运行工况进行监控。

3）管理诊断：对校区的能耗、能效、环境品质等进行诊断。

4）告警管理：当计量器具、运行设备、能耗数据发生异常时进行告警提示，并生成日志。

5）报表管理：报表分总能耗报表和区域能耗报表，总能耗报表统计校区的能耗种类、能耗总量、能耗总费用的月份和年份支出情况；区域报表统计区域建筑的逐月能耗和年单位面积能耗。

6）系统管理：可进行添加新闻、栏目管理和新闻管理。

（2）数据中心的架构

数据中心由服务器、显示终端、视频处理器、LED 大屏、软件、数据库等组成，其架构如图 2.8-10 所示，数据中心的服务器照片如图 2.8-11 所示。

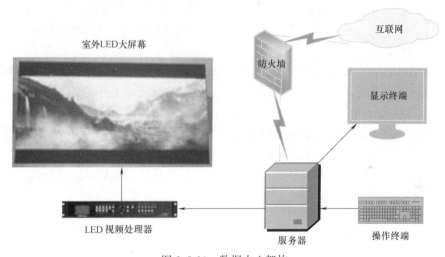

图 2.8-10　数据中心架构

（3）数据中心功能

1）登录界面需要验证身份方可登录。

2）通过能耗总览界面可看到校区的总能耗、总用电、总用水和实时能耗等。

3）通过能耗查询界面可看到校区的实时能耗、累计能耗、同比和环比情况。

4）通过能耗指标界面可看到校区内各建筑用能与指标的差值，便于运行人员根据实际情况进行指标调整。

5）通过能耗分项界面可掌握校区的能耗分布情况。

6）通过能耗排名界面可观察到校区内各建筑能耗的排名，将排名进行公示，起到对各建筑的用能监督作用。

7）通过能耗考核界面可观察到校区内各建筑能耗逐年、逐月的用能情况，将其实际用能和用能指标进行对比。

8）多联机系统监测。实现对1号楼6台多联机系统主机和7号楼7台多联机系统主机监测，通过与主机配套通信板卡通信，实现对各台多联机运行参数等信息的监测和运行故障告警。

2.8.3　基于监测数据的分析预测

1. 用能评价分析

为了实现详细数据的查看和分析，能耗监测系统设置了数据分析模块，以最大自由度进行数据搜索，并实现各种对象的多种分析应用。除此之外，还提供快速计算和数据导出工具。主要功能包括：能耗指标，对比分析，环比分析，分类分项分析，昼夜分析，系统损耗，用能趋势，电能质量等。

图 2.8-11　现场服务器图片

（1）能耗指标

建立能耗指标，并根据指标判定能源的使用状态；显示当前选择楼宇的用能曲线、分项用能构成、水耗指标、标杆建筑指标以及相对上一时段能耗上升或下降的比例。

（2）横向对比分析

实现多建筑同一时间段的能耗情况的对比分析，以曲线等方式展示，用能的累计值、用能峰值和平均值以及出现的时间等信息，实现了分类能耗的横向对比。

相关人员通过建筑间的横向能耗数据对比，分析各建筑的能耗差距的原因，对能耗高的建筑的运行策略进行调整，到达节能的目的。

（3）同期比分析

对校区进行能耗同期比较，分析能耗的变化情况。

通过对建筑能耗的同期比较分析，找出建筑不同年份同一时期和上一相邻时间能耗差距的原因，制定相应的解决措施，使该建筑的能耗系统运行方式更加合理。

（4）分项比分析

对校区的能耗进行分项分析，分析各系统的能耗变化情况。通过平台的分析对比，根据各分项能耗所占总能耗的百分比情况，判断校区用能的合理性，调整校区的用能运行策略。

（5）周末、周中分析

对校区的周末、周中能耗进行用能对比，分析周末、周中的能耗变化情况。

（6）日夜分析

可根据设定的日夜时段，分析工作时间和非工作时间的能耗，展示工作时间和非工作时间用能的比值关系和发展趋势。

2. 用能诊断预测

该项目为新建项目，运行人员通过"能耗管理平台"对校区建筑的能耗实时数据和历史数据进行查询和分析，对校区的用能情况进行诊断，判断其用能是否合理，并通过对标对建筑用能判断是否达到绿色建筑的能耗要求。对校区进行用能趋势分析，便于更加合理的制定能耗指标和遇有重大事项时根据用能情况提前采取预案。

3. 用能系统优化运行

建筑能耗管理平台实现对校区内能耗设备的用能情况统计分析，通过建筑间的能耗对比和各建筑用能的同比、环比分析，分析判断节能空间，通过调整能好系统的运行策略，使系统高效运行。例如根据天气情况调整 VRV 多联机空调系统的运行策略，既满足舒适度要求又节能运行。

2.8.4 实施效果评价

1. 能源管理

苏州湾小学能耗监测范围涵盖了建筑的电、水计量，用电计量对照明插座用电、空调用电、动力用电和特殊用电进行了分项；用水计量对校区及各单独楼宇进行了计量；对 VRV 多联机系统的运行工况进行实时监测和室内环境监测，对校区内人员数量进行统计，监测种类较全面，校区的能耗模拟推算情况如表 2.8-4 所示。

校区建筑能耗情况（校区建筑面积：89104.48m²）　　　　　　　　　表 2.8-4

时间段	用电能耗(kWh)	用水量(t)	燃气用量(m³)
2019.05.01~2019.05.31	81300	870	530
2019.06.01~2019.06.30	84500	960	560
2019.07.01~2019.07.31	83600	170	260
2019.08.01~2019.08.31	81600	150	100
2019.09.01~2019.09.30	78000	720	500
2019.10.01~2019.10.31	82600	760	490
2019.11.01~2019.11.30	81200	750	520
2019.12.01~2019.12.31	81300	800	540
2020.01.01~2019.01.31	47835	520	410
2020.02.01~2020.02.29	31770	180	100
2020.03.01~2020.03.31	32160	250	300
2020.04.01~2020.04.30	32310	610	490
年能耗(模拟推算算值)	798175	6740	4800
建筑面积指标(kW·h/m²·a)	8.98		
年人均能耗指标	2016kWh	17t	12m³
备注	总人数:396,学生:331,教职工:43,保洁:12,保安:10		

从表 2.8-4 中的数据可知，校区的能耗水平优于《民用建筑能耗标准》GB/T 51161 中规定的办公建筑非供暖能耗指标的约束值和引导值。

2. 环境监测

室内环境方面，室内主要空气污染物的浓度（二氧化碳、$PM_{2.5}$），房间内的温度、湿度参数低于现行国家标准《民用建筑供暖通风与空气调节设计规范》GB 50736 中的规定。通过监测平台获得校区公共区域某日温湿度、二氧化碳浓度和$PM_{2.5}$浓度情况如图2.8-12所示，各个区域平均二氧化碳浓度值（600ppm）均满足标准中各个区域二氧化碳浓度值（1000ppm）限值要求。

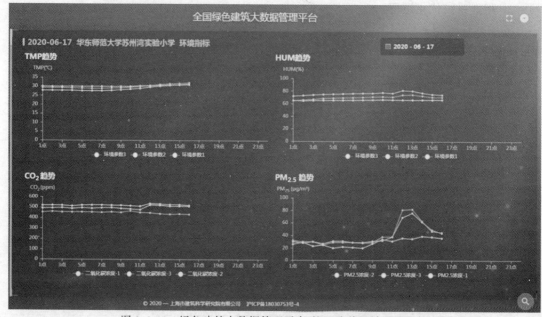

图 2.8-12 绿色建筑大数据管理平台-校区公共区域环境指标

2.8.5 可推广的亮点

1. 将研究示范与学校教育相结合。通过在校区的公共区域设置能耗管理平台大屏幕，使老师和学生可随时了解校区的能耗情况，对老师和学生进行节能宣传教育和开展建设绿色校园讲座，如图2.8-13所示。

图 2.8-13 校内能耗管理展示大屏

2. 通过能源管理平台对校区的能源进行管理，达到对用能用户的警示作用，激励其调整用能方式。

3. 能源管理平台具有一键诊断功能，对建筑的能耗、能效等进行诊断。为相关人员优化运行策略提供了依据和提高了系统维护的效率。

综上，该系统具有较好的运行效果，具有推广价值。

精品示范工程实施单位：北京建筑技术发展有限责任公司

2.9　昆山市政务服务中心（西区）

2.9.1　项目概况

1. 楼宇概况

昆山市政务服务中心（西区）位于江苏省昆山市前进西路 1801 号，于 2018 年 3 月建成，属于国家机关办公建筑。该建筑总建筑面积 102397.2m²，其中地上建筑面积为 73128.3m²，由 A、B、C、D 四栋塔楼和裙房组成，其中 A 栋 7 层，高 37.4m；B 栋 20 层，高 98.55m；C 栋 9 层，高 46.0m；D 栋 14 层，高 68.5m，主要功能为办公区、会议区、商业区、综合服务区、机房等；地下建筑面积为 29268.9m²，共 2 层，由综合展览区和车库组成。建筑外观如图 2.9-1 所示。

图 2.9-1　建筑外观图

2. 用能概况

昆山市政务服务中心（西区）的能源消耗种类主要为电、天然气、水。主要的电量消耗设备有办公设备、中央空调、照明、信息机房、电梯、景观等；天然气主要消耗在食堂与燃气锅炉；水资源消耗在生活用水、消防与空调冷却用水。

昆山市政务服务中心（西区）高压配电室位于负一层，两路 10kV 市政高压供电进线，配备六台干式变压器。变压器低压侧基本按照了分项计量的方式进行了电气回路的设计，各配电支路功能清晰，各分项用电均设置独立开关，故可对整个建筑实现分项计量。该配电系统承担整个昆山市政务服务中心（西区）的全部用电负荷，且在高低压侧均装有电量计量表。

昆山市政务服务中心（西区）地下室综合展览区、A栋1～7层办公区（除三层资料室外）和B栋、C栋、D栋1～4层裙房由中央空调系统供冷。中央空调系统冷源为三台约克水冷离心式冷水机组，其中一台采用变频离心式冷水机组；空调系统循环水泵、冷却塔风机等均有变频控制。

A栋三层资料室和B栋、C栋、D栋塔楼办公区采用变频多联机空调，可根据室内负荷情况调节开启机组模块数量或运行频率。

塔楼配有全热交换式新风机组，利用排风系统对新风进行预热处理；裙房配有溶液式热回收新风机组，热回收效率70％以上。中央空调系统设备型号及参数如表2.9-1所示。

中央空调系统设备型号及参数　　　　　　　　　　表2.9-1

设备类型	台数	厂家及型号	设备参数
水冷式冷水机组	2	约克（无锡）空调冷冻设备有限公司 YKGCEVP95CPG/RR22	制冷量：2286kW；制热量：399kW；电源：380V/3/50Hz；平均负载率：75％
变频水冷离心式冷水机组	1	约克（无锡）空调冷冻设备有限公司 YKGCEVP95CPG/RR22	制冷量：2286kW；制热量：410kW；电源：380V/3/50Hz；平均负载率：75％
冷却塔	3	烟台荏原空调设备有限公司 SC-500L	冷却水量：500m^3/h；电机功率：15kW
冷冻循环泵	3	埃派斯 1LED001-2DB0	流量：430m^3/h；扬程：36m；功率：75kW
冷却水泵	3	西门子中国有限公司 1L0001-1DB4	流量：500m^3/h；扬程：26m；功率：55kW

昆山市政务服务中心（西区）为政府机关办公建筑，用能人数多、人流量较大，对室内环境的舒适度要求较高。目前各楼层虽配有新风系统，但缺乏对室内环境参数的实时监测，新风系统也缺乏相应的联动机制，室内环境情况没有直观的监测数据。

昆山市政务服务中心（西区）常驻办公人员数量相对固定，约为1465人，由于是政府办公类建筑，每日临时办事人员流量较大，日均访客人数在3000人左右，而用能人数是建筑能耗的重要影响因素之一，故需采集每日的人员数量对建筑能耗指标进行辅助分析。

2.9.2　实施情况

1.总体实施情况

昆山市政务服务中心（西区）建筑能耗监管平台作为"十三五"国家重点研发计划"基于全过程的大数据绿色建筑管理技术研究与示范"的精品示范工程项目，需实施的内容如下：

（1）建筑电耗计量：利用原有207块电量计量仪表，完成有功功率、有功电度、电压、电流每15min一次的自动采集；

（2）建筑水耗计量：利用原有14块水量计量仪表，完成瞬时流量、累计流量每15min一次的自动采集；

（3）建筑天然气计量：安装2套天然气图像采集系统，完成天然气累计用量每15min一次的自动采集；

（4）建筑冷/热耗计量：安装2块超声波热量表，完成空调系统的进出口温度、瞬时流量、瞬时流速、累积流量、累积冷热量每 15min 一次的自动采集；

（5）建筑环境参数监测：安装 12 块室内环境监测仪表，完成温度、湿度、PM$_{2.5}$ 浓度、二氧化碳浓度每 15min 一次的自动采集；

（6）建筑室内人员数量计量：在建筑入口安装 4 块人员数量采集装置，完成人员数量实时采集以及每 15min 一次的自动上传。

2. 加装监测设备清单

昆山市政务服务中心（西区）建筑能耗监管平台加装的监测设备清单如表 2.9-2 所示。

加装监测设备清单 表 2.9-2

序号	设备名称	原有/新增	设备品牌	设备型号	设备数量	作用
1	智能电表	原有	南京凯多	—	207	实现建筑用电总量计量、分项计量
2	智能水表	原有	真兰	WPHD	14	实现建筑用水总量计量
3	天然气图像采集系统	新增	上海东瞳科技	定制	2	实现天然气总量计量
4	冷热量表	新增	上海巨贯	JGTUC-2000SW	2	实现空调系统冷热量总量计量
5	环境传感器	新增	爱博斯蒂	iBest-REM-4W-1	12	实现室内环境监测
6	人员统计设备	新增	俊竹科技	JZ-COUNT 03	4	实现建筑用能人数的监测统计

3. 电能监测

昆山市政务服务中心（西区）已安装电量监测仪表，实现了建筑用电的分项计量，原平台能耗数据采集周期为 30min，需修改采集周期为 15min，并在智能网关侧配置需要上传的服务器地址，完成所有数据的同步上传。

变电所内原有电表为南京凯多多功能电表，电表的现场情况如图 2.9-2 所示。

图 2.9-2 变电所电表安装现场图

4. 用水监测

昆山市政务服务中心（西区）市政总进水管施工困难，故在 14 个二级分管处安装计量水表，实现了建筑用水的总量计量。

昆山市政务服务中心（西区）建筑能耗监管系统已实现了建筑用水的总量计量，采用智能水表 WPHD，安装于各建筑用水分管上，采用管段式安装，其现场安装图如图 2.9-3 所示。

5. 用气监测

昆山市政务服务中心（西区）共两路总天然气管道，已有天然气计量表，但不具备远传数据功能。故在原有天然气计量表处安装两套图像采集系统，进行天然气表读数采集，其现场安装图如图 2.9-4 所示。

图 2.9-3　水表安装现场图

图 2.9-4　天然气图像采集箱现场图

6. 空调耗能监测

昆山市政务服务中心（西区）建筑能耗监管系统采用超声波智能表巨贯 JGTUC-2000SW，计量空调系统冷热量，监测累积用热量、流量、供回水温度等 5 项参数。该超声波智能表为管段式安装、法兰连接，其安装现场如图 2.9-5 所示。

图 2.9-5　智能热表现场安装图

7. 环境监测

根据课题《示范工程动态数据采集要求》中的规定，昆山市政务服务中心（西区）共安装了环境参数检测仪 12 个。

昆山市政务服务中心（西区）环境参数采集采用 iBest-REM-4W-1 吸顶式空气品质多参数检测仪，该装置可同时采集温度、湿度、CO_2 和 $PM_{2.5}$ 四个参数，其安装现场图如图 2.9-6 所示。通过 Zig-bee 协议转换成 Modbus 协议上传至智能

图 2.9-6　吸顶式空气品质多参数
检测仪及现场安装图

网关，可方便地解决空气品质多参数检测仪的在室内的安装和布线问题。

图 2.9-7 人员流量采集摄像头现场安装图

8. 人员监测

根据课题《示范工程动态数据采集要求》中的规定，昆山市政务服务中心（西区）有 A、B、C、D 栋塔楼，需设置 4 个测点。

昆山市政务服务中心（西区）采用 JZ-COUNT 03 人流量采集摄像头，该装置可分别统计建筑的进、出人数。摄像头采用吊顶安装，安装现场如图 2.9-7 所示。

2.9.3 基于监测数据的分析预测

1. 用能评价分析

昆山市政务服务中心（西区）2018 年 6 月投入使用，各区域面积逐步投入使用。

2018 年 7 月至 2019 年 9 月的用能情况分析如表 2.9-3、图 2.9-8 所示：

表 2.9-3

建筑能耗情况一览表

时间	用电量 （kWh）	天然气 （m³）	水 （t）	总能耗 （tce）	用能人数 （人）	启用建筑面积 （m²）
2018 年 7 月	666253	34686	4437	128.01	1277	48772.99
2018 年 8 月	673247	713	3860	83.69	1238	48772.99
2018 年 9 月	542684	0	2851	66.70	1250	48772.99
2018 年 10 月	354338	2104	2230	46.35	1276	48772.99
2018 年 11 月	337247	11307	1813	56.49	1460	67686.27
2018 年 12 月	506024	62961	2821	145.93	4983	92634.95
2019 年 1 月	655371	109092	2430	225.64	4263	97068.9
2019 年 2 月	565430	95445	2080	196.43	4094	97068.9
2019 年 3 月	521909	89200	2787	182.78	4574	97611.9
2019 年 4 月	404333	12159	2650	65.86	4451	98201.22
2019 年 5 月	342400	6398	3246	50.59	4356	98201.22
2019 年 6 月	672511	6603	3025	91.43	4410	98201.22
2019 年 7 月	664125	6306	3427	90.01	4418	98201.22
2019 年 8 月	754784	6829	4030	101.85	4398	98201.22
2019 年 9 月	526345	5818	5040	72.43	4403	98201.22
合计	8187001	449621	46727	1604.18	50851	1236370.2
平均值	545800.07	29974.73	3115.13	106.95	3390.07	82424.68

2. 用能诊断预测

昆山市政务服务中心（西区）人均综合能耗、单位建筑面积能耗、人均水资源消耗指标如图 2.9-9～图 2.9-11 所示。

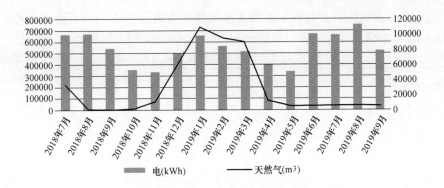

图 2.9-8　建筑能耗情况图

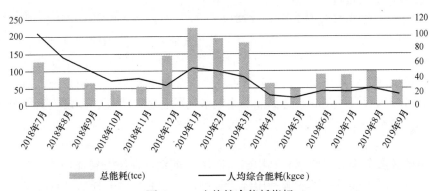

图 2.9-9　人均综合能耗指标

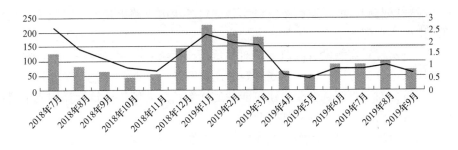

图 2.9-10　单位建筑面积能耗指标

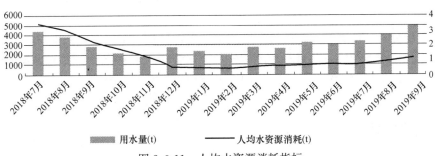

图 2.9-11　人均水资源消耗指标

对比 2017 年度江苏省公共机构能源资源消耗平均值（表 2.9-4），昆山市政务服务中心（西区）的人均综合能耗、单位建筑面积能耗、人均水资源消耗指标均合格。

2017 年度江苏省公共机构能源资源消耗平均值　　　　　　　表 2.9-4

机构类型	人均综合能耗 ［kgce/(人·a)］	单位建筑面积能耗 ［kgce/(m²·a)］	人均用水 ［m³/(人·a)］
省级和市级机关	599.04	14.25	52.02
行政中心	426.45	13.52	37.31
高校	145.87	5.62	53.98
中学	98.50	5.43	33.70
医院	514.88	37.07	71.65

3. 用能系统优化运行

2019 年 3 月，昆山政务服务中心（西区）建立了建筑能源管理平台，实现了建筑水电能耗的实时监测，2020 年，又逐步完善了天然气能耗监测、中央空调系统冷热量监测、室内空气质量监测以及建筑的用能人数实时监测，实现了建筑能耗的全面计量。

同时，昆山政务服务中心（西区）已有一套完整的智能照明控制系统，对大厅等公共区域进行分时段远程自动控制，达到照明系统节能的目的。大楼已建设一套完整的 BA 智能控制系统，对空调系统冷热源及热水系统进行远程控制、流量调节，达到空调系统节能的目的。

昆山市政务服务中心（西区）利用建筑能源管理系统，结合智能照明控制系统和 BA 智能控制系统，对大楼进行了能源利用优化管理，具体的讲：能耗监测系统具有实时数据监测、丰富的能耗分级统计和专业的数据分析等功能。

（1）实时数据监测。能耗监测系统可实现建筑各用电支路电量的实时监测，根据数据可发现建筑用电不合理的地方，譬如，办公室经常出现夜间空调用电和办公室设备用电的情况；同时，可实现对监测设备的监管，对大负荷或超载负荷用电设备进行报警等。

（2）能耗数据分类分项。及时发现建筑各用能系统的详细的能耗去向。目前大楼的能耗计量已经比较全面，可以从中获得建筑能耗的详细信息，解决建筑能耗构成不清楚、问题找不出、分析不到位、缺乏针对性等问题。

（3）能耗分级统计。对于已装表监测的用能回路可以实现建筑总能耗、分项能耗和分类能耗数据按年、季度和月进行网络化统计，既提高工作效率，同时提高数据的准确性；对于未装表的用能回路可实现能耗定期网络上报功能。能耗监测系统可实现对各部门能耗按年、月进行统计，实现各部门能耗管理和成本考核，同时可自动生成各类能耗报表进行公示或存档。

（4）数据分析。能耗监测系统可对监测数据进行分析，根据实际管理需求制定各部门能耗定额指标，对各用能部门进行用能考核、定额管理、用能公示。能耗监测系统可为建筑提供一系列的能效评价指标，为典型用能系统如中央空调系统进行能效诊断和节能改造奠定基础。

2.9.4　实施效果评价

昆山市政务服务中心（西区）建筑能源管理平台的能耗监测范围涵盖了建筑用电、用水、用气、空调冷（热）量的监测、室内环境监测、建筑人员数量监测，监测种类全面，监测内容深入，可更全面的了解建筑用能状况，提升用能管理水平。

昆山市政务服务中心（西区）通过熟练使用建筑能源管理平台，充分发挥平台的作用。首先，实现了能源利用优化管理；其次，实现了建筑用能设备的网络化管理；最后，实现了建筑能耗系统能效评价与诊断功能，为后续建筑用能系统能效提升提供基础数据；第四，通过监测数据发现问题，加强系统运行管理，实现了10%的节能潜力。

2.9.5　可推广的亮点

昆山市政务服务中心（西区）建筑能耗监测平台的天然气总量计量是通过安装天然气图像采集系统，实时采集原天然气仪表的读数而实现的，这种采集方式不破坏原有的天然气仪表和天然气管道，数据采集可与仪表读数完全一致，避免了因仪表精度问题而导致的用能数据误差，可广泛应用于不具备监测仪表安装条件的环境，且适用于电表、水表、燃气表、流量计等多种能耗计量仪表。

精品示范工程实施单位：中冶建筑研究总院有限公司

苏州爱博斯蒂低碳能源技术有限公司

2.10 大连理工大学创新园大厦

2.10.1 项目概况

1. 楼宇概况

图2.10-1 大连理工大学创新园大厦建筑外观图

大连理工大学创新园大厦位于大连理工大学凌水主校区，是一座集科研、办公、实验于一体的综合性高层文教建筑，建设时间为2003年，投入使用时间为2005年。该建筑总面积为36456m²，其中地上建筑面积30926m²，地下建筑面积为5530m²。创新园大厦分为A、B和C区，A区地下2层，地上16层，建筑高度85.6m；B区地下2层，地上12层，建筑高度55.8m；C区2层，建筑高度为10.7m。A、B区地下部分主要功能为报告厅、实验室、设备机房等；地上部分主要功能为教学和学生办公室、会议室和机房等。C区建筑功能为实验室和大学生活动中心，创新园大厦的外观如图2.10-1所示。

大连理工大学创新园大厦采用全现浇钢筋混凝土框架-抗震墙结构，墙体的材料为页岩空心砖和钢筋混凝土，外窗类型为单玻单层窗，采取内遮阳，大厦的正面使用铝幕墙和玻璃幕墙。该建筑供热、供冷采用中央空调系统，空调系统形式为风机盘管加新风系统，空调和供暖面积均为32850m²。

2. 建筑用能现状

大连理工大学创新园大厦的能源消耗种类为电耗、水耗和热耗。建筑电耗包括照明用电、空调用电、动力设备用电及办公设备用电；建筑水耗主要为生活用水消耗；建筑热耗主要为冬季建筑采暖用能。

（1）电能使用情况

通过大连理工大学节约型校园能耗管理平台监测数据统计，该建筑2019年全年总耗电量为1837174.35kWh，其中照明插座用电占比78.06%，空调用电占比12.34%，动力用电占比9.40%，特殊用电占比0.20%。

1）照明插座用电情况

该建筑照明插座用电特点与建筑使用特点相吻合，用电状态与室内人员相关，具有"有人即开，无人即停"的特点。其中照明设备主要为室内灯具、公共区域照明灯具等；插座用电包括大部分室内使用设备，主要为办公设备，例如台式电脑、笔记本电脑、打印机以及投影仪等。

2）空调用电设备情况

该建筑空调系统形式为风机盘管加新风系统,少量办公室配备VRV空调机。空调系统冷源为3台螺杆式冷水机组;系统配置冷却台3台、冷却水泵3台和冷冻水泵3台。冬季建筑热源为市政热水,配置板式换热器2台、热水循环泵3台。螺杆式冷水机组和板式换热器如图2.10-2、图2.10-3所示。

图2.10-2 螺杆式冷水机组   图2.10-3 板式换热器

空调末端系统设备主要包括风机盘管、新风机组、空气处理机组以及VRV空调机。其中风机盘管791台,新风机组55台,空气处理机组1台,VRV空调室内机6台。空调系统冷热源类设备的使用具有定时启闭的特点,末端设备开启后可手动调节,设备主要参数以及各设备估计运行时间如表2.10-1所示。

创新园大厦空调系统设备总功率及运行信息   表2.10-1

设备名称	台数	额定总功率(kW)	估计每天运行时间(h)	估计全年运行时间(h)
制冷机组	3	780	9	594
板式换热器	2	—	24	1584
冷却塔	3	33	9	594
冷冻泵	3	90	9	594
冷却泵	3	111	9	594
热水循环泵	3	66	24	1584
空调机组	1	11	9	594
新风机组	55	20.94	9	594
风机盘管	791	51.47	9	594

3）动力用电情况

该建筑动力用电包括电梯用电、水泵用电以及通风机用电。2019年建筑动力用电共计为172694kWh，其中电梯用电占比32%，水泵用电占比38%，通风机用电占比30%。

（2）水资源使用情况

创新园大厦的建筑水耗主要为生活用水消耗。2019年8～12月份共消耗7918.38t。

3. 建筑能耗监测系统现状

在大连理工大学节约型校园项目的支持下，创新园大厦建在2012年建设了建筑能耗监测系统，时间了建筑电耗和水耗的监测。至今该建筑能耗监测系统已运行7年多，累积了丰富的建筑能耗数据。

（1）电耗监测

创新园大厦建筑能耗监测系统对建筑变电所、楼层22个配电间用电回路进行了监测，共计安装电量计量表349块。建筑电耗监测系统共有采集器6块，分别位于建筑的负一层配电室、负一层强电间、副楼负一层强电间以及八、十二、十五层强电间。采集频率为每60min一次，采集数据同步上传至数据库，实现了建筑电耗分项计量、分楼层计量以及分部门计量。

（2）水耗监测

创新园大厦建筑能耗监管系统原有的水量计量表2块，采集频率为每60min一次，采集数据同步上传至数据库，实现了建筑总用水量的计量。

（3）冷/热耗监测

创新园大厦作为教学办公建筑，建筑面积大、用能人数多、人流量集中、空调能耗高，但是暂时缺乏对空调冷/热耗的实时监测。

（4）环境参数监测

该建筑各楼层均配有新风系统，但缺乏室内环境参数的实时监测，室内空气品质无法评价。

（5）人员信息监测

该建筑使用人员为教师和学生，用能人数相对固定，建筑用能人数只能依靠统计完成，室内用能人数没有实现实时监测。

2.10.2 项目实施情况

1. 总体方案概述

创新园大厦建筑能耗末端监测系统以大连理工大学数据中心为核心，实现对建筑能耗数据的采集。建筑内部能耗监测末端系统包括建筑电耗、建筑热耗、建筑水耗、室内环境参数和室内人员数量监测。能耗监测网络采用485现场总线实现对建筑能耗各类参数的监测，通过智能网关实现与建筑内部网络的连接。智能网关采集的各项能耗数据上传到全国绿色建筑大数据管理平台。

智能网关的主要作用是实现多目标服务器的数据发送、数据自动存储、心跳包上传、即时故障诊断反馈、数据计算处理、定时上传、断点续传等功能，为现场数据的真实性、有效性、实时性、可用性提供了保证。同时，实现对建筑内部能耗数据与Internet的连接，并以标准的XML格式将能耗监测数据上传到大连理工大学数据中心的数据采集服务器，可以根据服务器端的 IP 地址接入任何数据监测平台。

根据精品示范工程的要求，需要实施的内容：

（1）建筑电耗计量：参照能耗表示模型对原有 349 块电量计量仪表的监测结构进行整合，实现各级相关设备电耗有功功率、有功电度、电压、电流等参数的自动采集，采集频率为 15min 一次；

（2）建筑冷/热耗计量：需安装 1 块冷/热量计量表，采集参数包括进出口温度、瞬时流量、瞬时流速、瞬时冷量、累积流量、累积冷热量等，实现第二级建筑总耗冷量和建筑总耗热量的自动采集，采集频率为 15min 一次；

（3）冷却水供回水温度监测：在空调系统冷却水系统供回水管上安装温度传感器，监测冷却水供回水温度；

（4）建筑水耗计量：利用原有 2 块水量计量仪表，实现建筑水耗自动采集，采集频率为 15min 一次；

（5）建筑环境参数监测：安装 5 块室内环境监测仪表，实现室内温度、湿度、PM$_{2.5}$浓度、二氧化碳浓度的自动采集，采集频率为 15min 一次；

（6）建筑室内人员数量计量：安装 3 块人员数量计量仪表，实现常在室内人员数量自动采集，采集频率为 15min 一次。

2. 电能监测

（1）电量采集点

创新园大厦建筑能耗监管系统尽管已近实现了建筑电耗分项计量、分楼层计量、分部门计量，但原监测系统的监测模型不能满足"公共建筑及机电能源系统能耗数据信息表示方法"的要求。基于原 349 个电耗监测节点的资源，按照示范工程能耗表示模型，选择相关能耗节点，共计 99 个能耗节点。

（2）电量监测仪表技术参数

创新园大厦的电量监测系统配有多类型电量计量仪表，现场安装如图 2.10-4 所示，主要型号和性能参数如下：

图 2.10-4　电量计量仪表集中安装示意图

1）PD1088/PD3088

PD1088/PD3088 电能表通过 RS-485 通信接口采用 Modbus-RTU 协议或 DL/T645 规

约与微机实现通信，仪表主要性能参数为：

➤ 精确度等级：电流、电压 0.5 级，有功电能 0.5 级；

➤ 工作电压范围：150～265V；

➤ 参比频率：50Hz；

➤ 参比电压：单相 220V，三相四线 3×220V/380V。

2）LCDG-DG

该系列电能表测量并显示三相电压、电流、有功功率、有功电量、无功电量，停电后保留电能累计值。可选 RS-485 通信方式，支持 Modbus-RTU 通信规约。电压信号供电，不需要辅助电源，带铅封防窃电，仪表主要性能参数为：

➤ 额定电压：市电 220VAC；

➤ 额定电流：60A；

➤ 输入频率：50Hz±5%；

➤ 计量精度：电压、电流 0.5 级，有功功率、电量 1 级。

3）EDA9033A

EDA9033A 模块是一种智能型三相电参数数据综合采集模块，能实现三项电流、电压、功率、功率因数、电量等参数采集，仪表主要性能参数为：

➤ 输入电压：0～500V；

➤ 输入电流：0～1000A；

➤ 通信速率（Bps）：1200、2400、4800、9600、19.2K；

➤ 计量精度：电流、电压 0.2 级，其他电量 0.5 级；

➤ 输出接口：RS-485、RS-232；

➤ 通信协议：ASCII 码格式协议、十六进制 LC-01 协议、Modbus-RTU 协议。

3. 建筑总冷量和耗热量监测

（1）冷/热量采集点

创新园大厦建筑能耗监管系统遵照办公建筑动态数据采集要求，需要实现建筑空调系统总冷耗和总热耗的计量。为此，在制冷机房内的冷水供、回水管上安装超声波冷/热量表 1 块，其采集频率为 15min 一次，在智能网关上配置需要上传的服务器地址，完成所有数据的同步上传。该仪表具有多个温度监测点，可以将冷却水供回水温度传感器监测点接入冷热表。创新园大厦冷/热量监测点位如表 2.10-2 所示。

创新园大厦冷/热量监测点位表　　　　　　　　　表 2.10-2

仪表名称	仪表编号	能耗节点	原有/新增	表具型号
冷/热计量总表	210200D11102011	总耗冷量,总耗热量	新增	TUF-2000

（2）冷/热量监测仪表技术参数

TUF-2000B 主要性能参数为：

1）测量线性度优于 0.5%，重复性精度优于 0.2%，高达 40ps 的时差测量分辨率，使测量精度达到±1%；

2）每个测量周期中 128 次数据采集辅助以最新研发的流量计时差分析软件，性能优异，显示数据更稳定、准确，线形度更好；

3）隔离型 RS485 接口，流量计与二次表之间可通过 RS485 总线通信，传输距离千米以上；

4）1 路 4～20mA 模拟输出可作为流量/热量变送器；

5）带有双路隔离型可编程 OCT 输出，用于输出累计脉冲、工作状态等；

6）外夹式安装，安装示意图如图 2.10-5 所示。

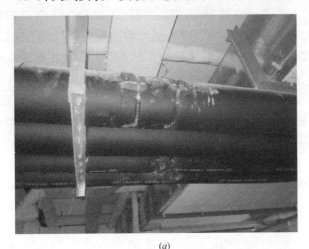 

(a)　　　　　　　　　　　　　　　(b)

图 2.10-5　冷热表现场施工安装图
(a) 冷热表流量传感器；(b) 冷热表表头

4. 用水监测

（1）水量采集点

创新园大厦原能耗监测系统已实现了建筑总水耗计量，但原平台能耗数据采集频率为每 60min 一次，根据监测要求将修改采集周期，设置采集频率为每 15min 一次，并在智能网关侧配置需要上传的服务器地址，完成所有数据的同步上传，详细监测点位表如表 2.10-3 所示。

创新园大厦水量监测点位表　　　　　　　　　　　　表 2.10-3

序号	仪表名称	仪表编号	能耗节点	原有/新增	表具型号
1	创新园大厦水表 2（B 区）	210200D11106201	总用水量	原有	潍微 LXS
2	创新园大厦水表 1（A 区）	210200D11103200	总用水量	原有	潍微 LXS

（2）水表技术参数

建筑水量监测仪表型号为 LXS，其主要性能参数如下：

1）监测参数：当前累积流量；

2）计量精度：2 级；

3）通信协议：485 接口/M-BUS 协议；

4）安装方式：法兰连接。

5. 空调冷却水供回水温度监测

创新园大厦空调冷站冷却水供回水温度需要实现实时监测，在制冷机房内的冷却水供、回水管上安装 2 个温度传感器，与定制的冷/热表相连，由冷/热表采集数据并传输，其采集频率为每 15min 一次，并在智能网关侧配置需要上传的服务器地址，完成所有数据的同步上传。

6. 环境监测

（1）环境参数采集点

按照办公建筑动态数据采集要求，需实现建筑室内温度、湿度、$PM_{2.5}$ 和 CO_2 四种室内环境参数的自动采集，其采集点位数为 5 个。为实现上述参数的采集，且便于安装，大连理工大学项目研究团队开发了多参数室内空气质量监测仪，该设备集成 4 种采集参数。多参数室内空气质量监测仪系统架构如图 2.10-6 所示，主控器选用意法半导体 STM32F103 芯片，通过 Modbus RTU 协议与建筑能耗数据采集网关通信，物理接口包括有线 RS485 接口、无线 Zigbee 接口和无线 Wi-Fi 接口方式。选用传感器的具体参数如表 2.10-4 所示。5 个多参数室内空气质量监测仪分别安装于建筑负一层电梯口、七层走廊、八层走廊、九层走廊、十二层走廊。吸顶式安装，其采集频率为每 15min 一次，并在智能网关侧配置需要上传的服务器地址，完成所有数据的同步上传，详细监测点位如表 2.10-5 所示。

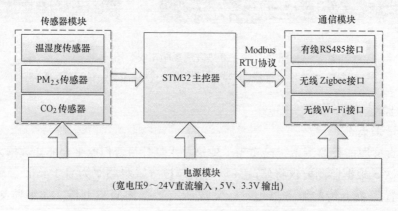

图 2.10-6 多参数室内空气质量监测仪系统架构图

传感器具体参数指标 表 2.10-4

参数类型	传感器选型	量程	精度	响应时间
温度	SHT31	−40～125℃	±0.2℃	8s
湿度	SHT31	0～100%RH	±2%	8s
$PM_{2.5}$	PMS5003	0.3～10μm	1($\mu g/m^3$)	10s
CO_2	S8 0053	400～2000ppm	±40ppm/±读数的 3%	30s

创新园大厦室内环境监测点位表 表 2.10-5

序号	仪表名称	仪表编号	能耗节点	原有/新增	表具型号
1	负一层电梯口室内空气质量监测仪	210200D11102010	温度,湿度,二氧化碳,$PM_{2.5}$	新增	iBest-REM-4W-1
2	七层走廊室内空气质量监测仪	210200D11103201	温度,湿度,二氧化碳,$PM_{2.5}$	新增	iBest-REM-4W-1

序号	仪表名称	仪表编号	能耗节点	原有/新增	表具型号
3	八层走廊室内空气质量监测仪	210200D11103202	温度,湿度,二氧化碳,PM$_{2.5}$	新增	iBest-REM-4W-1
4	九层走廊室内空气质量监测仪	210200D11103203	温度,湿度,二氧化碳,PM$_{2.5}$	新增	iBest-REM-4W-1
5	十二层走廊室内空气质量监测仪	210200D11104074	温度,湿度,二氧化碳,PM$_{2.5}$	新增	iBest-REM-4W-1

（2）空气品质多参数监测仪技术参数

吸顶式空气品质多参数监测仪主要性能参数如下：

1）通信方式：支持标准 Modbus 通信协议，支持有线 RS485、无线 Zigbee、无线 Wi-Fi（快速组网、快速安装、无需布线、调试方便）多种通信方式；

2）安装方式：吸顶或挂墙，吸顶式现场安装如图 2.10-7 所示；

3）供电电压：9～24V 直流供电，可以隐藏在吊顶内；

图 2.10-7　多参数室内空气质量监测仪

4）工作环境：温度范围：－30～60℃；湿度范围：0～99%。

7. 人员监测

（1）人员数量采集点

按照精品示范建筑人员采集要求，创新园大厦需新增对建筑常在室内人员数量的监测，其监测方案为分别在建筑南门、东门、北门处安装人员数量计量仪表，共计 3 套，其采集频率为每 15min 一次，并在智能网关侧配置需要上传的服务器地址，完成所有数据的同步上传，详细监测点位如表 2.10-6 所示。

创新园大厦人员数量监测点位表　　　　　　表 2.10-6

序号	仪表名称	仪表编号	功能作用	原有/新增	品牌	型号
1	负一层人数采集	201200D11102012	人数统计	新增	每人计	C1
2	一层北门人数采集	201200D11102013	人数统计	新增	每人计	C1
3	一层东门人数采集	201200D11102014	人数统计	新增	每人计	C1

（2）人员数量计量表技术参数

建筑人员数量计量采用红外客流计数器，如图 2.10-8 所示，仪表主要性能参数如下：

1）红外检测距离：最高可达 20m；

2）客流运动速度：最快 30km/h；

图 2.10-8　人员统计现场施工安装图

3）供电选择：Wi-Fi 版 14505 号电池，单机版 5 号电池；

4）软件支持：支持 API 对接。

8. 加装监测设备清单

基于前期的工作基础和上述的建设要求，为达到精品示范工程项目的建设要求，在建筑原有电耗、水耗计量的基础上，创新园大厦在热耗、环境参数监测以及人员数量计量三个方面需要加装监测设备，加装监测设备清单如表 2.10-7 所示。

创新园大厦加装监测设备清单　　　　　　　　　表 2.10-7

序号	设备名称	设备品牌	设备型号	设备数量	作用
1	环境传感器	理工科技	iBest-REM-4W-1	5	实现室内环境参数的监测
2	冷/热量表	大连先科	TUF-2000	1	实现空调系统冷/热量总量计量
3	人员计量表	成都每人计	红外客流计数器	3	实现建筑用能人数的监测统计
4	温度传感器	大连先科	—	2	实现空调系统冷却水供回水温度监测
5	智能网关	开发设备	NETDAU-485	6	实现能耗的实时采集与上传

智能网关为项目研究团队开发设备。研究团队针对建筑能耗数据采集器仅能实现数据的采集、存储和上传功能，在此基础之上，基于上传周期内实现"高频采集、低频上传"，利用在上传周期内采集数据重点解决能耗数据的数据质量分析和异常数据的修复，进而对上传数据的质量类别进行标识，以提高建筑能耗监测系统的数据质量和数据中心数据分析效率，开发了新型智能网关，新型智能网关系统主要包括核心控制模块、液晶显示模块、RS485 通信模块、以太网通信模块、近距离Wi-Fi 无线网络通信模块、4G 无线通信模块、电源模块、数据质量诊断和修复模块、存储模块。建筑能耗数据采集器系统示意图如图 2.10-9 所示。

图 2.10-9　建筑能耗数据
采集器系统示意图

核心控制模块采用基于 Cotex-M3 内核的 32 位 ARM 芯片 STM32F407VGT6 作为数据采集、数据处理、各个模块之间协调调度的核心；液晶显示模块采用型号为 LCD12864 液晶显示器，支持汉字、英文字符和数字显示；电源模块采用开关电压调节器 LM2575S-5.0 输出 5V 电压，为液晶显示模块、近距离无线通信模块、4G 无线通信模块供电，采用三端稳压器 LM1117DT-3.3 输出 3.3V 电压，为 ARM 核心控制模块、以太网模块、存储模块供电，采用 B0505S-1WR2 隔离电源模块输出 5V 电压，为 RS485 通信模块供电；RS485 通信模块采用具有隔离功能的高性能收发器 ADM2483；以太网通信模块采用带有硬件 TCP/IP 协议栈的高性能以太网接口芯片 W5500；4G 无线通信模块采用五模十二频高性能 4G 接口模块 USR-G402tf；近距离无线网络通信模块采用双向透明传输的 USR-

WIFI232-B2；存储模块采用4GB容量的 mini-SD卡。

新型智能网关如图2.10-10所示。主要功能包括：通过以太网或4G无线通信方式连接数据中心，实现数据高频采集、数据质量诊断和修复、数据存储、数据上传。

图2.10-10　新型智能网关

2.10.3　基于监测数据的分析预测

1. 用能评价分析

创新园大厦作为科研办公建筑，建筑面积大、部门数量多、用能人数多、人流量集中且用能系统复杂，因此其能耗类型全面，具有较高的代表性和数据分析价值。根据已建成的绿色建筑大数据平台提供的监测数据，进行如下的能耗数据分析。

（1）建筑用电指标分析

全国绿色建筑大数据管理平台中的建筑总用电量如图2.10-11所示。由于示范建筑的建设时间原因，从2019年7月开始采集数据。

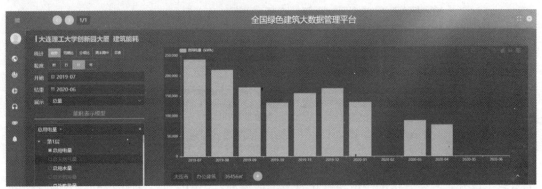

图2.10-11　建筑总用电量

为了分析该建筑完整一年的能耗数据，以已有能耗监管平台中的能耗数据为基础，对该建筑能耗特征进行评价分析。2019年7月～2020年4月期间，建筑总用电量为1385075.71kWh，折合标煤170.23tce，逐月电耗如表2.10-8所示（2月份疫情期间，校园封闭管理，建筑用电数据非常小，在图表中无法显示）。

创新园大厦2019～2020年逐月用电　　　　　　　　　　表2.10-8

序号	日期	总用电量（kWh）	折合标煤（tce）	单位面积用电（kWh/m²）
1	2019年7月	240350.01	29.54	6.59
2	2019年8月	214736.89	26.39	5.89
3	2019年9月	171287.33	21.05	4.70
4	2019年10月	133343.39	16.39	3.66
5	2019年11月	156602.65	19.25	4.30

序号	日期	总用电量(kWh)	折合标煤(tce)	单位面积用电(kWh/m²)
6	2019 年 12 月	168630.12	20.72	4.63
7	2020 年 1 月	134216.11	16.50	3.68
8	2020 年 2 月	—	—	—
9	2020 年 3 月	88343.46	10.86	2.42
10	2020 年 4 月	77565.75	9.53	2.13

　　创新园大厦 2019 年照明与插座逐月用电情况如图 2.10-12 所示。从图中可以看出，夏季的照明插座用电量较少，而冬季较多，尤其是 12 月为全年最高。照明插座用电量与日照时间存在负相关关系，呈现出明显的季节特征。2 月同样由于使用人数的减少，照明插座用电量为全年最低。

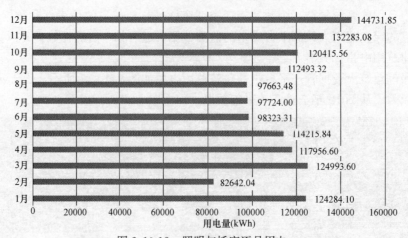

图 2.10-12　照明与插座逐月用电

　　创新园大厦 2019 年电梯逐月用电情况如图 2.10-13 所示。可以看出除寒假（2 月）用电量较少以外，其余月份的用电量在正常范围内波动，说明除了 2 月份以外，其余月份的建筑使用人数基本持平，这与建筑使用者的日程安排一致。

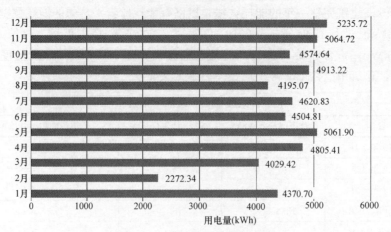

图 2.10-13　建筑电梯用能分析

创新园大厦 2019 年空调系统逐月用电情况如图 2.10-14 所示。大连通常在 6 月中下旬入夏，9 月下旬入秋。从图中可以看出，创新园大厦空调系统主要在 6~9 月开启，且 6 月耗电量较少而 7、8、9 月较多，其中 7、8 月尤甚，这与大连的气候规律非常一致。从全年来看，夏季空调用能占全年空调用能的比例约为 98%。

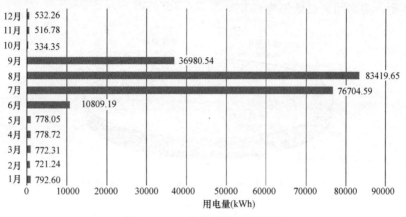

图 2.10-14 空调系统逐月用电

创新园大厦 2019 年水泵逐月用电情况如图 2.10-15 所示。可以看出 6~9 月的水泵耗电量较大，用能约占全年的 66.7%。这一规律与空调系统用电规律一致，说明空调季的水泵耗电量较大。

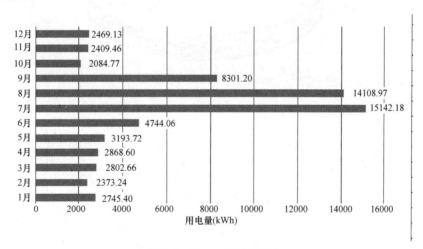

图 2.10-15 水泵逐月用电

2019 年 8、9 月份各项用电情况如图 2.10-16、图 2.10-17 所示。8 月份照明插座用电占月总用电量的 25.69%，空调用电量占比达到了 67.65%。9 月份照明插座用电达到了 74.39%，而空调用电占月用电量的 13.71%。可见，在空调季，该建筑的主要能耗即为空调用电，而在非空调季，该建筑的主要能耗为照明插座用电，具有典型的办公建筑的能耗特征。

（2）用电质量分析

下面针对某照明插座回路，各选取空调季、过渡季和供暖季的一天，来分析建筑用电质量情况。由图 2.10-18、图 2.10-19 和图 2.10-20 可以看出，在空调季的工作日（7 月 17 日），该支路在上午 8 点左右开始三相电流增大，15 点为最高值，直到晚上 11 点以后电流才下降到最低值，与该建筑办公人群的作息规律较为一致。而 5 月 1 日和 1 月 2 日由于是节假日，电流出现大幅度波动，规律性并不明显。从图中还可以看出，A、B、C 三相电流不平衡，功率因素最低值为 0.85。

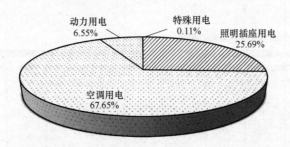

图 2.10-16　2019 年 8 月份建筑各分项用电情况

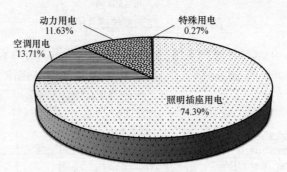

图 2.10-17　2019 年 9 月份建筑各分项用电情况

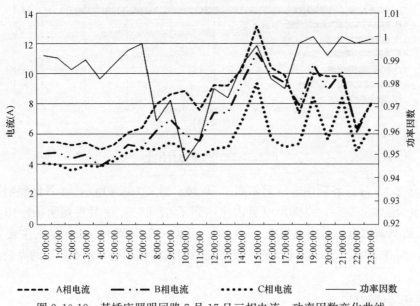

图 2.10-18　某插座照明回路 7 月 17 日三相电流、功率因数变化曲线

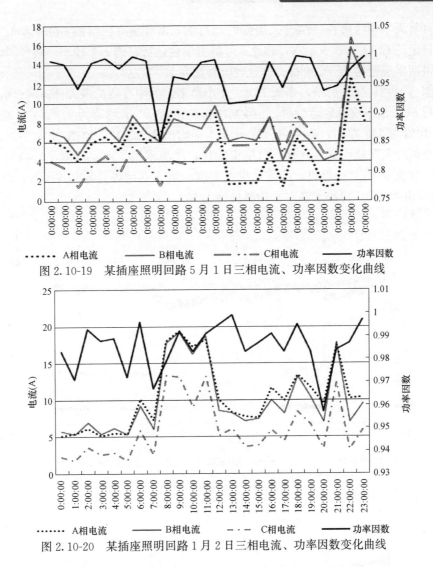

图 2.10-19 某插座照明回路 5 月 1 日三相电流、功率因数变化曲线

图 2.10-20 某插座照明回路 1 月 2 日三相电流、功率因数变化曲线

2. 空调系统用能诊断

（1）空调系统用能诊断

创新园大厦制冷机组运行时间段为每天 8：00 至 16：00，每天运行 8h，正常空调负荷时需先后开启两台制冷机组，一般 8：00 左右开启一台制冷机组，8：30 左右开启第二台。制冷机组台数控制策略是当供水温度达到设定值 7.2℃时，两台制冷机组中的一台停机，直至供水温度上升至 12℃时，再次开启。下午 16：00 左右两台依次停机。

经过对 4 个典型工况日冷冻水的供回水温差观察可知，当单台机组运行时，水系统稳定期间，冷水供回水温差平均仅为 1.5℃左右；当两台机组同时运行时，水系统稳定期间冷冻水供回水温差平均值为 2.5℃。4 天的采集记录中，最高温差为 2.75℃，远偏离设计值 5℃，冷水系统运行存在严重的"大流量，小温差"现象，耗电损失较大。

4 个典型工况日的机组性能系数 COP 如图 2.10-21 所示。由图可知，机组 COP 普遍较小，冷水系统稳定运行时 COP 平均值为 4.0 左右，远小于额定值 5.91。如图 2.10-21（a）和（b）所示，8 月 19 和 20 日制冷机组性能系数变化趋势非常相似，当天空调负荷接近当月每天平均冷负荷，两台机组同时运行时，2 号制冷机组的 COP 为 4.0 左右，3 号制冷机组的 COP 为 3.6 左右，相比 3 号机组单台运行时的 3.9 较小。两台同时运行时，冷冻水供回水温差为 2.5℃ 左右，单台运行时仅为 1.3℃ 左右。

如图 2.10-21（c）所示，当天工况为 4 个典型工况中冷负荷最大日，两台机组同时不间断运行 8h，水系统稳定运行时，1 号制冷机组的 COP 平均值为 4.0，3 号制冷机组的 COP 平均值为 3.3 左右，冷水供、回水温差平均值为 2.2℃。如图 2.10-21（d）所示，当天为空调冷负荷最小日，只有一台机组运行，冷冻水供、回水温差平均值仅为 1.5℃，从 8：00 开机至 16：00 停机，冷冻水供水温度一直未达到设计定值 7.2℃，制冷机组的 COP 平均值为 2.5，冷冻水温差平均值仅为 1.5℃。

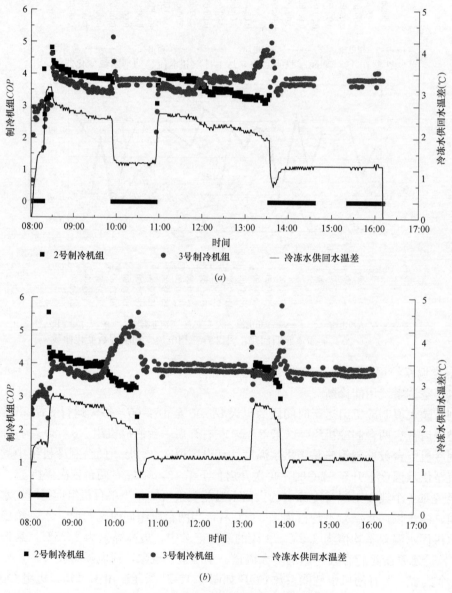

图 2.10-21　典型工况日制冷机组性能系数

（a）8 月 19 日；（b）8 月 20 日

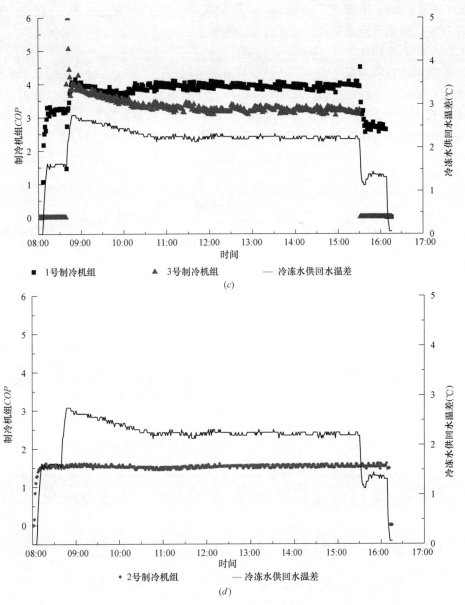

1号制冷机组　▲ 3号制冷机组　—— 冷冻水供回水温差

(c)

◆ 2号制冷机组　　　—— 冷冻水供回水温差

(d)

图 2.10-21　典型工况日制冷机组性能系数（续）
(c) 8月21日；(d) 8月22日

通过以上对4个典型工况的分析，发现该建筑制冷系统的冷冻水温差很小，仅为设计值的30%～50%，远偏离设计值5℃。同时制冷机组的COP偏小，为额定值的45%～70%，导致机组耗电量较大。通过对系统运行方式的调研发现，机组运行维护人员是依靠经验和对室外气温的简单判断，决定制冷机组和水泵开启的台数。冷水泵运行不合理，设计方案中冷水泵与制冷机组运行方式是"一机对一泵"，而实际运行方案是，每天8：00左右先开启两台冷水泵，再开启一台制冷机组，当负荷较大时，再开启第二台制冷机组，同时备用冷水泵也被开启，当冷水供水温度达到7.2℃时，一台机组停机，但是相应的冷冻水泵没有停机，冷冻水泵运行存在一天8h至少多开一台冷冻水泵的现象，例如8月19

149

和 20 日，每天大约 4h 存在"一机对三泵"的现象，8 月 22 日连续 8h 存在"一机对两泵"的现象，水系统流量很大，导致冷水温差很小。

（2）采暖系统用能诊断

随机选取创新园大厦 2019 年 12 月 9 日采暖情况进行分析，通过对采暖供回水温度的运行规律（如图 2.10-22 所示）及当天室内环境（如图 2.10-23 所示）进行分析发现，供回水温差在 1.11～2.22℃之间，平均温差 1.73℃，室内公共区域温度在 19.4～23.3℃之间，表明系统供热"过剩"，具有较大的节能空间。

图 2.10-22　创新园大厦 2019 年 12 月 9 日供暖供水

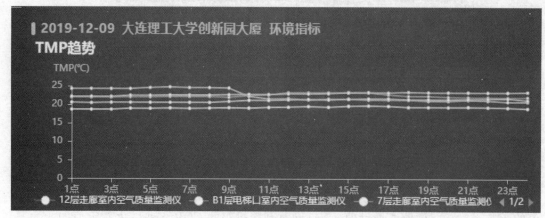

图 2.10-23　创新园大厦 2019 年 12 月 9 日环境监测

3. 用能系统优化运行

根据以上存在的问题，当前的最优解决方案是在不进行大规模改造的前提下，通过控制策略的优化提升冷站的整体效率。通过优化冷冻水泵频率的方式对冷冻水系统进行优化；通过调节冷机开启台数及频率、冷却塔开启台数及风机频率、冷却泵开启台数及风机频率对冷却水系统进行整体优化。使得在满足室内人员舒适度要求的前提下，空调冷却侧耗电量（包括冷却泵、冷却塔及冷机组能耗）及冷冻侧水泵侧耗电量最低。

结合现有数据统计分析情况，后期空调系统改造中，进行以下节能改造：

（1）设置制冷机组台数控制站，根据室外气象条件与建筑负荷情况调整合理的制冷机组运行台数，使冷水机组部分负荷运行工况下能效最高。

（2）设置冷水泵与采暖水泵控制站，根据系统总压差、供回水温差调节水泵运行台数与转速，提高水泵能效，降低水泵电耗。

（3）设置冷却水泵控制站，根据制冷机组运行情况与室外气象状态，调节冷却水泵运行台数与转速，提高水泵能效，降低水泵电耗。

（4）增设空调机组优化控制器，完善空调机组变风量优化控制方法，优化或增加送风机转速控制回路，优化空调机组送风阀、新风阀、回风阀的协调控制策略。

（5）增设新风机组群控控制器，协调控制新风机与新风送风状态。

（6）增设风机盘管群控系统，以楼层为单位进行群控，设定室温设定值上下限，统一协调规划各风机盘管水阀开启时段，充分利用表冷器在断水状态下的冷却除湿能力，通过群控风机盘管的风机档位，提升风机盘管总体运行能效。

2.10.4 实施效果评价

在既有能耗监测平台的基础上，通过增加部分能耗监测仪表，并通过既有能耗监测点按示范工程的要求重新梳理能耗节点，实现创新园大厦建筑用电、用水、空调及供暖冷（热）量、冷水水工供回水温度、室内环境监测、建筑人员数量监测。通过监测数据，已实现建筑能耗的统计、分析、评价和诊断等。

大连理工大学创新园大厦中央空调系统节能改造项目基于本课题研究成果，通过课题监测的能源环境参数，制定科学合理的控制策略，保障中央空调系统节能高效运行，将有效缓解学校节能减排压力，积极解决我国高校机构能源消耗需求刚性增长与节能潜力缩小所形成的矛盾。

大连理工大学创新园大厦中央空调系统节能改造项目将在辽宁省乃至全国高校的节能减排工作中形成示范效应。

2.10.5 可推广的亮点

1. 建筑能耗监测异常数据诊断和修复

针对存在数据缺失、突变以及隐形数据异常等数据质量问题，为了快速识别异常数据，提高能耗监测平台数据质量，首先，提出了基于用能工况特征的能耗数据分类方法，相对于纯粹的数学分类算法，该方法按照具有实际意义的属性对能耗数据进行分类，反映了建筑用能实际工况，物理意义明确。其次，提出基于用电特征的隐形异常错误数据识别方法，该方法通过聚类辨识部分用能异常数据，进一步基于历史数据，获得相似工况下的用能特征线，通过特征线变化趋势进一步辨识隐形异常数据。最后，在 knn 算法的基础上提出一种新的基于用电特征的缺失数据修复方法 knn-Slope，研究了不同数据修复方法的数据修复精度的影响、数据缺失率对修复数据精度的影响，以及修复数据所需的历史数据集的大小对修改数据精度的影响。通过算例研究表明该方法的数据修复精度优于 knn 算法。第四，针对"照明插座"分项中掺杂其他空调设备用电数据的问题，提出了一种利用判定温度和 k-均值聚类相结合的方法剥离非照明插座用电数据。第五，针对大型公建中央空调设备冷水机组、冷冻泵、冷却泵、冷却塔以及空气处理机组等设备能耗数据影响因数多、问题数据修复难度大的问题，提出了一种降维聚类方法，可有效修复该类数据。

2. 新型智能网关

针对目前数据质量问题全部集中在数据中心的问题，网关在采集仪表及传感器的数据时，遵循"高频采集、低频上传"的原则，并利用上传周期内的采集数据，对数据质量进行自动诊断与异常标识，开发了新型建筑智能网关。新型建筑智能网关上传至数据中心的数据频率仍然为 15min 一次，即"低频上传"。而在现场总线网络中，网关对仪表及传感器的数据采集的时间间隔为秒级，即"高频采集"，其目的是详细刻画采集量变化规律，通过在网关内进行数据分析，找出异常数据点，针对异常数据，利用该段时间内采集的相邻正常数据点进行修复，并对数据异常类型进行标识。

3. 多参数室内空气质量监测仪

参数室内空气质量监测仪集成 $PM_{2.5}$、CO_2、温度和湿度四种采集参数，支持标准 ModbusRTU 协议（RS485 和无线 LoRa 两种通信方式）和 MQTT 协议（Wi-Fi 和 GPRS 版本两种通信方式）。具有快速组网、快速安装、无需布线和调试方便的特点。

精品示范工程实施单位：大连理工科技有限公司

2.11 南昌江铜国际广场金陵大酒店

2.11.1 项目概况

1. 楼宇概况

江铜国际广场金陵大酒店坐落于江西省南昌市高新技术产业开发区内，江西铜业集团兴建集总部办公、酒店、多层办公为一体的城市建筑群。建筑用地西邻艾溪湖，东临昌东大道，南临艾溪湖三路。2号酒店综合楼，旅馆等级为二级，建筑性质为酒店及配套会议办公、餐饮，采用混凝土框架结构，用地面积32232.06m²，总建筑面积41112.39m²，容积率为0.97，绿地率为29.16%。建筑空调形式为中央空调。建筑外观如图2.11-1所示。

图2.11-1 建筑外观图

2. 用能概况

江铜国际广场金陵大酒店的能耗种类主要为电耗、气耗和水耗。电耗方面主要包括酒店设备、照明、电梯、空调、厨房用电等，气耗为燃气热水锅炉冬季制热用气，水耗为日常生活用水、空调用水及消防用水，建筑总体能耗量大。

江铜国际广场金陵大酒店已安装电能和用水分项计量能耗监测系统，现有分项计量系统实施了129个回路。

（1）电能使用情况

江铜国际广场金陵大酒店有专门的高压配电室，位于地下一层开闭所，总进线为2路10kV市政高压供电，变压器低压侧基本按照分项计量的方式进行了电气回路的分配，各配电支路比较清晰，各区域照明、冷冻机、水泵等均独立开关，故对整个建筑可实现分项计量。该配电系统承担整个大楼的全部用电负荷，且在高低压侧均装有电量计量表，变压器设计负载率不高于85%，补偿后供配电系统功率因数不低于0.9。江铜国际广场金陵大酒店用电计量仪表为深圳康必达，测量精度 0.5 级，可计量参数种类电压、电流、电功率、电度值，通信方式 Modbus。

（2）空调使用情况

江铜国际广场金陵大酒店共有 2 台离心式冷水机组，正常情况下开启一台。机组每年 4 月至 11 月开启，每天的运行从上午 8 点至 24 点。供冷公共区域设定温度为 18~24℃。冷水泵共 3 台，互为备用。冷却水泵共 3 台，互为备用。冷水主机和具体参数如图 2.11-2、表 2.11-1 所示。

图 2.11-2 离心式冷水机组及水泵

空调冷水机组参数 表 2.11-1

设备编号	设备名称	品牌/型号	台数	基本参数
L1~L2	离心式冷水机组	格力 LSBLX400SVE	2	单台供冷量 1406kW 单台功率 222kW $COP \geqslant 6.3$ $IPLV \geqslant 8.8$

冬季采暖使用 2 台真空热水锅炉，每台制热量为 2100kW，供回水设计温度为 50℃/60℃。真空热水锅炉外观、参数和冷热水输配设备清单如图 2.11-3、表 2.11-2、表 2.11-3 所示。

图 2.11-3 真空热水锅炉外观

真空热水锅炉参数 表 2.11-2

设备名称	品牌/型号	台数	基本参数
真空热水锅炉	力聚 YHZRQ-180NWW	2	单台制热量 2100kW 额定热效率≥94%

冷热水输配设备清单 表 2.11-3

设备名称	品牌/型号	台数	额定效率(%)	功率(kW)	备注
冷冻泵	伟业 YE2-225S-4	3	92.7	$P=37kW$	两用一备
冷却泵	伟业 YE2-200L-4	3	92.3	$P=30kW$	两用一备
热水循环泵	伟业 YE2-160M1-2	3	89.4%	$P=11kW$	两用一备

（3）用水情况

江铜国际广场金陵大酒店供水水源为城市自来水，引两条 $DN200$ 的引入管，沟通成环状管网，作为生活及消防给水水源。通过数据传输线与智能采集网关连接，使用 485 通信等方式对水表进行 24h 全天后自动采集，无需人工干预。对于采集到的数据将发送至能耗数据中心，由数据中心通过后台汇总计算，以图表曲线或报表的形式展示出来。水计量设备清单如表 2.11-4 所示。

水计量设备清单 表 2.11-4

表号	名称	位置
1	负一层车库冲洗冷水	地下室
2	负一层洗锅间冷水	地下室
3	一层西餐厅冷水	一层
4	负一层员工餐厅冷水	地下室
5	负一层女更衣室热水（回水）	地下室
6	一层中餐厅洗碗间冷水	一层
7	一层中餐厅洗碗间热水	一层
8	洗衣房冷水	地下室
9	一层大堂卫生间冷水	一层
10	冷却塔补水 2	屋顶
11	负一层男更衣室冷水	地下室
12	负一层中餐厅冷水	地下室
13	冷却塔补水 1	屋顶
14	屋面消防水箱补水	屋顶
15	一层卫生间，二层茶水间、卫生间冷水	地下室
16	会议中心顶总进水 4	一层
17	员工餐厅总进水 3	地下室
18	太阳能水箱补水	屋顶
19	锅炉房总进水 2	地下室
20	游泳池补水	地下室

续表

表号	名称	位置
21	水箱总进水 1	地下室
22	负一层洗锅间热水	地下室
23	一层西餐厅热水	一层
24	负一层男更衣室热水(供水)	地下室
25	负一层员工餐厅热水	地下室
26	负一层男更衣室热水(回水)	地下室
27	一层 VIP 洗碗间冷水	一层
28	一层 VIP 洗碗间热水	一层
29	负一层女更衣室冷水	地下室
30	负一层女更衣室热水(供水)	地下室
31	负一层中餐厅热水(供水)	地下室
32	洗衣房热水(回水)	地下室
33	洗衣房热水(供水)	地下室
34	一层大堂卫生间热水	一层
35	游泳池热水(供水)	地下室
36	游泳池热水(回水)	地下室
37	负一层中餐厅热水(回水)	地下室
38	一层、二层健身中心淋浴间热水(回水)	地下室
39	一层、二层健身中心淋浴间热水(供水)	地下室

本项目另设置雨水回收系统，回收处理场地雨水，在室外埋地设置雨水收集池及雨水一体化埋地处理装置，收集雨水处理后用于绿化浇洒、室外道路冲洗、景观水补水。一层及以下楼层由市政管网直接供水；二层及以上为加压区，由地下室生活水泵房加压给水设备供水。

本项目在建筑物屋面放置了太阳能光伏发电板，设计太阳能热水系统为酒店提供生活热水。太阳能热水系统可满足本项目总热水需求的 50%，采用集中集热、集中供热的太阳能热水系统（即太阳能集热器、储热水箱集中设置，集热器吸收太阳辐射能将水温升高并集中储存在热水箱中，再集中供应用户使用），采用温差强制循环运行方式；辅助加热采用燃气锅炉。

（4）气能源使用情况

江铜国际广场金陵大酒店用气主要是真空热水锅炉与厨房使用天然气，天然气管道分三路从市政供气总管至地下一层锅炉房与厨房。现场燃气表如图 2.11-4 所示。

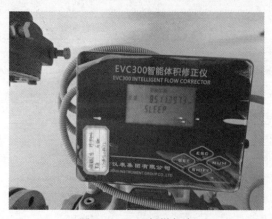

图 2.11-4　现场燃气表

（5）环境监测情况

江铜国际广场金陵大酒店作为南昌市五星级酒店，建筑面积大、用能人数多、人流量集中、空调能耗高，对室内环境的舒适度要求较高。目前各楼层均配有新风系统，但缺乏对室内环境参数的实时监测，新风系统的调节效果没有直观的数据说明。

（6）人员信息情况

目前，江铜国际广场金陵大酒店工作人员未安装人员计量系统，无法统计顾客人数，且缺乏对整体用能人数与建筑能耗之间关系的整合与分析。

2.11.2 实施情况

1. 总体方案概述

江铜国际广场金陵大酒店用电回路计量完整，电表数据采集传输设备均正常运行中，故用电能耗的采集不需要新装电表，只需调试数据传输程序即可。大楼采用集中式空调水系统制冷/制热，故需要安装冷热量计2台；大楼未安装环境监测设备，故需要新装5台多功能环境监测传感器。

建筑内部能耗监测末端系统包括建筑电耗、气耗、水耗、冷热量和室内环境参数。能耗监测网络采用485现场总线实现对建筑能耗各类参数的监测，通过建筑能耗监测智能网关实现与建筑内部网络的链接。示范工程的建筑能耗及环境参数通过建筑内部的智能网关基于Internet网络将数据上传到全国绿色建筑大数据管理平台。

江铜国际广场金陵大酒店建筑能耗监管平台作为"十三五"国家重点研发计划"基于全过程的大数据绿色建筑管理技术研究与示范"的精品示范工程项目，需实施的内容如下：

（1）建筑气耗计量：自动采集，共监测建筑用气总表3块；

（2）建筑冷热量计量：自动采集，共监测建筑冷热量计2套；

（3）建筑环境参数监测：自动采集，共监测室内环境测点5个；

（4）建筑室内人员信息计量：自动采集，共监测主要出入口2个。

2. 加装监测设备清单

江铜国际广场金陵大酒店建筑能耗监管平台加装的监测设备清单如表2.11-5所示：

加装监测设备清单　　　　　　　　　　　　　　　　表2.11-5

序号	设备名称	设备品牌	设备型号	设备数量	作用
1	环境传感器	爱博斯蒂	AQD-WG	5	实现室内环境监测
2	外夹式超声波冷热量表	先超	XCT-2000FEM	2	实现空调系统冷热量总量计量
3	人员统计设备	环奕	IDTK	2	实现建筑用能人数的监测统计

3. 电能监测

江铜国际广场金陵大酒店已安装用电能耗监测系统，监测点位数为129个，满足课题标准要求。

4. 空调冷热量监测

（1）热量表设备选型

本建筑空调冷热量计是外夹式超声波冷热量表，测量精度为2级，通信方式Modbus，可输出多种累积热量、瞬时热量、供回水温度等数值。热量表主机和技术参数如图2.11-5、表2.11-6所示。

（2）热量表现场安装

外敷式传感器安装间距以两传感器的最内边缘距离为准，间距的计算方法是首先在菜单中输入所需的参数，查看窗口 M25 所显示的数字，并按此数据安装传感器。外夹式流量传感器如图2.11-6所示。

外夹式传感器安装实施前，应收集建筑暖通图纸，对照设计图纸勘查施工现场，核对设备数量及容量、管径大小、平面管路布置情况，并绘制系统图。

图 2.11-5　热量表主机箱

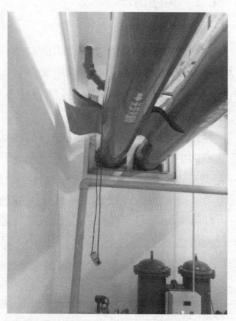

图 2.11-6　外夹式流量传感器

热量表技术参数　　　　　　　　　　　　　　　　　　　　　表 2.11-6

类别	性能、参数	
主机	原理	超声波时差原理，4 字节 IEEE754 浮点运算
	精度	流量：优于±1%
	显示	可连接 2×10 背光型汉字或 2×20 字符西文型液晶显示器，支持中、英、两种语言
	信号输出	1 路 4～20mA 电流输出，阻抗 0～1K，精度 0.1%
		1 路 OCT 脉冲输出（脉冲宽度 6～1000ms，默认 200ms）
		1 路继电器输出
	信号输入	3 路 4～20mA 电流输入，精度 0.1%，可采集温度、压力、液位等信号
		可连接三线制 PT100 铂电阻，实现热量测量
	数据接口	隔离 RS485 串行接口，可通过 PC 电脑对流量计进行升级，支持 Modbus 等协议
	数据记录	可选配外置 SD 卡，容量可达 2G

类别		性能、参数
管道情况	管材	钢、不锈钢、铸铁、铜、PVC、铝、玻璃钢等一切致密的管道,允许有衬里
	管公称直径	$DN15 \sim DN6000$
	直管段	传感器安装点最好满足:上游 $10D$,下游 $5D$,距泵出口 $30D$(D 为管径)
测量介质	种类	水、海水等能够传导超声波的单一均匀的液体
	温度	温度:$-30 \sim 160℃$
	浊度	10000ppm 且气泡含量少
	流速	$0 \sim \pm 10m/s$
工作环境	温度	主机:$-20 \sim 60℃$;流量传感器:$-30 \sim 80℃$
	湿度	主机:85%RH;传感器防护等级 IP68
电源		DC8~36V 或 AC220V
功耗		1.5W

冷量计量应当计量空调主机冷水的流量,并测量空调主机冷水进出水的温差,根据水流量和温差计算出本台空调主机的供冷量。冷水水流量可通过测量空调主机冷水供水管的流量来实现。冷水进出水温差是空调主机的冷水供、回水管内温差。因此测量空调主机冷水供水流量和冷水供、回水的温度即可。

对于有集、分水器的项目,热量计的流量传感器安装在分水器主供水管。温度传感器分别安装在分水器主供水管和集水器主回水管上。空调主机集分水器如图 2.11-7 所示。

图 2.11-7 空调主机集分水器

热量表主机安装于设备箱,在设备房壁挂式安装。集中安装既美观,又便于施工、调试和日后物业人员的管理维护。超声波冷热量表主机箱如图 2.11-8 所示。

图 2.11-8　超声波冷热量表主机箱

图 2.11-9　流量传感器安装

项目现场冷水供水管为 $DN300$，故选择 Z 法安装。传感器安装位置选在水平管道，上下游安装点连线与管轴平行，且距离为主机菜单显示的距离。安装时打开管道保温层，使用角磨机将安装传感器的区域抛光，并用砂纸打磨使管壁光滑，除掉锈迹油漆或防锈层。用干净抹布蘸丙酮或酒精擦去油污和灰尘，以确保测量准确。使用配套耦合剂均匀涂抹在传感器发射面，安装至处理好的管道表面，并用钢带固定。如图 2.11-9 所示，温度传感器探头直接贴壁附着于处理后的管道上。

5. 环境监测

本项目向某厂家定制了 TSP-1613C 系列多功能环境检测仪，可以同时监测的参数包括环境温度、湿度、二氧化碳浓度、$PM_{2.5}$ 浓度等，一起采用相关传感器和运算芯片，具备高精度、高分辨率、稳定性好等优点。适用于空气环境监测设备嵌入配套和系统集成，诸如智能办公楼宇环境监测系统，智能家居环境监测系统，学校、医院、酒店环境监测系统，新风控制系统，空气净化效率检测器、车载空气环境检测仪等场所。多功能环境检测仪外观如图 2.11-10 所示。

检测参数及精度指标：

➤ $PM_{2.5}$：$1\mu g/m^3$（攀藤 G5 传感器）

图 2.11-10 多功能环境检测仪外观

➤ 二氧化碳：±10ppm/±读数的 3％（瑞典 senseAir 传感器）
➤ 温度：±0.2℃（瑞士进口传感器）
➤ 湿度：±2％RH（瑞士进口传感器）
产品特点：
➤ 安装方式：吸顶或挂墙；
➤ 供电电压：9～24V 直流供电，可以隐藏在吊顶内；
➤ 工作环境：温度范围：－30～60℃；湿度范围：0～99％。
根据课题《示范工程动态数据采集要求》中的建议，测点应安装于公共区域人员活动区域距离地面 1.5m 高度处。环境参数监测设备现场安装应注意：
➤ 将环境检测仪安装在需要检测的位置，应远离发热体或蒸汽圆头，防止阳光直射；
➤ 应尽量远离大功率干扰设备，以免造成测量不准确，如变送器、电机等；
➤ 避免在易于传热且会直接造成与待测区域产生温差的地带安装，否则会造成温湿度测量不准确。

6. 用气量监测

本建筑选取安装燃气表自动计量摄像头，通过 OCR 图像识别技术，对表面图像进行处理识别。并将读出的数据传入平台，生成燃气实时数据。燃气自动计量摄像头如图 2.11-11 所示。

7. 人员监测

江铜国际广场金陵大酒店为饭店建筑，建筑面积大、进出人员多、用能系统复杂，拥有工作人员 200 余人，其余顾客人数不定，每日人流量巨大，而用能人数与建筑整体能耗存在着一定的变化关系，采集每日的人员数量具有重要意义。

现采用红外人流量智能计数器实现对建筑人数的实时监测，设备外观及技术参数如图 2.11-12、表 2.11-7 所示：

图 2.11-11 燃气自动计量摄像头

红外人流量智能计数器设备参数 表 2.11-7

名称	说明
识别算法	基于视频分析原理
	检测头及肩膀,并跟踪行进轨迹
统计方向	双方向统计(进、出同时识别)
准确度	客流统计准确度 95% 以上(标准场景)
数据上传	设备端每分钟 1 条数据上传至云平台
断网续传	支持,本机内数据缓存最长为 30 日,为循环覆盖存储
平台端连接方式	设备端主动方式寻找并连接平台
网络接入	支持无线 Wi-Fi(802.11G),支持有线网络(RJ45 接口)
安装方式	壁装、吊顶装
镜头	2.8mm,适配 1/2.5CCD
滤片	红外滤片
安装高度	最低安装高度 2.5m;最高安装高度 5m
客流检查范围	每台设备覆盖地面宽度:2.8～3.5m(根据不同的安装高度);覆盖宽度可调
Wi-Fi 配置方式	采用 smart link 方式 Wi-Fi 配置操作
远程升级	支持通过云平台对设备 firmware 升级
远程参数配置	支持通过云平台进行设备参数配置
供电方式	DC12V,1A
产品尺寸	最大直径 111mm,厚度 33mm

根据出入口类型及门口宽度选择安装类型及数量,多个门时需每个门安装一台计数器。

采集周期为 15min,完成人数数据的同步上传。

由于江铜国际广场金陵大酒店有 2 个主要进出口,需设置 2 个测点,点位布置如表 2.11-8 所示。

图 2.11-12 江铜国际广场金陵大酒店正门

江铜国际广场金陵大酒店人数自动采集监测点位表 表 2.11-8

序号	安装位置	能耗节点	安装数量
1	一层大堂入口	人员信息	1
2	负一层车库入口	人员信息	1

2.11.3 基于监测数据的分析预测

1. 用能预测分析

江铜国际广场金陵大酒店 2019 年用能情况分析如表 2.11-9 所示:

2019 年用电情况一览表 表 2.11-9

月份	总用电量(kWh)	占全年比例
1 月	136119	8.03%
2 月	92135	5.43%
3 月	98101	5.78%
4 月	93843	5.53%
5 月	137972	8.13%
6 月	202984	11.97%
7 月	221623	13.07%
8 月	265316	15.65%
9 月	168208	9.92%
10 月	117664	6.94%
11 月	82845	4.88%
12 月	79267	4.47%
合计	1696077	—

由表2.11-10可知，南昌绿地中央广场夏季每日暖通空调系统用电占总建筑用电40％以上。2019年至2020年用电整体呈现夏、冬季高，过渡季低的趋势。暖通空调系统有一定的节能空间。

江铜国际广场金陵大酒店暖通系统用能占比　　　　表2.11-10

日期	总用电量(kWh)	供冷用能(kWh)	占比
2020/6/8	7864	3492	44.4％
2020/6/9	8176	3670	44.9％
2020/6/10	8498	3698	43.5％
2020/6/11	9376	3990	42.6％
2020/6/12	9912	4623	46.6％
2020/6/13	9220	4480	48.6％

2. 用能诊断预测

根据大数据平台诊断结果，江铜国际广场金陵大酒店在用能方面存在如下问题：

（1）非运营时间段照明插座存在用能浪费

根据平台数据计算得出，本建筑非运营时段照明插座支路谷峰比为1.27。经过与平台同类其他建筑横向对比可知，江铜国际广场金陵大酒店的此项用能偏高。平台的诊断结论为：该建筑在非运营时间，单位面积照明插座能耗远高于平台同类其他建筑，说明该建筑非运营时间段照明插座存在用能浪费的现象。全国绿色建筑大数据管理平台用能诊断如图2.11-13所示。

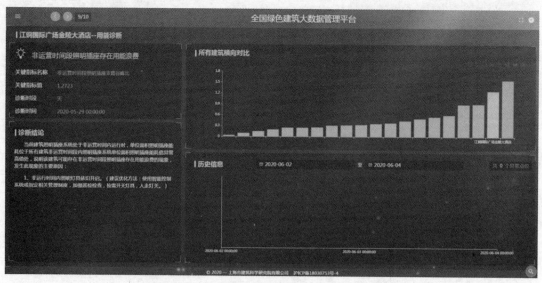

图2.11-13　全国绿色建筑大数据管理平台用能诊断

（2）冷机运行效率低

根据平台数据计算，本建筑冷冻机组运行效率（COP）与其他同类建筑横向对比值位于25％分位之下，说明该建筑冷源实际运行时，可能存在"冷源机组运行效率低下"的现象。

3. 用能系统优化运行

为确保江铜国际广场金陵大酒店用能系统科学、节能地运行，根据江铜国际广场金陵大酒店绿色建筑大数据管理平台所发现的问题，平台均给出优化建议。

（1）"非运营时间段照明插座存在用能浪费"问题优化建议

1）使用智能控制系统或指定相关管理制度。

2）按需开关灯具，人走灯关。

3）加强巡检检查。

（2）"冷机运行效率低"问题原因及优化建议

1）冷机设计不合理，选型过大。建议优化方法：在经济性允许的情况下，对选型过大的冷机进行更换；单独配置小容量制冷机组。

2）冷却水温度偏高。建议优化方法：检查冷却塔及冷却水系统，使得冷却水温度维持在合理范围。

3）冷却水流量偏小。建议优化方法：调整冷却水流量至合理范围。

4）冷水温度偏低。建议优化方法：调整冷水设定温度至合理范围。

5）冷水流量偏小。建议优化方法：调整冷水流量至合理范围。

6）设备存在脏堵、老化等问题导致自身性能差，效率低下。建议优化方法：对冷机进行彻底排查和清洗。重点排查两器阻力、三相电流、噪声、振动、制冷剂容量、传感器灵敏度等。

2.11.4 实施效果评价

为了实现建筑的节能运行，江铜国际广场金陵大酒店在照明和空调系统方面采用了相关节能措施，并建造了能源监测管理平台，具体措施如下所示：

1. 采用节能灯及智能灯控系统

江铜国际广场金陵大酒店所有公共区域及客房内均采用节能型灯具，并安装了智能控制面板，能够实现单独控制和分区控制。

智能照明控制系统，采用智能照明控制系统可实现照明系统集中控制、分层分区域控制、定时控制等多种控制方式，使照明系统工作在自动状态，系统将按预先设置切换若干基本工作状态，既可在控制室远程集中控制，也可实现就地分控。楼梯间及走道等地方设置自息式声光控制开光。在面积较大的房间和场所按照使用条件和天然采光条件采用分区、分组控制，所控灯列与侧窗平行，以充分利用自然光。

2. 建立能源监测系统

能耗管理系统采用分层分布式系统体系结构，对建筑的电力、水等各分类能耗数据进行采集、处理，并分析建筑能耗状况，实现建筑节能应用等。

对本项目用水、电等状况进行监控和管理，为有关管理部门收取费用提供便利。通过对各个机电测控系统采集的海量信息进行分析与处理，实现能耗分项计量、能耗基准分析、碳排放计算、能耗 KPI 分析、能耗报警及相应的能耗报告。

计量方式根据相关专业提供的水表及电表位置实现分类、分项（按使用部门）计量。能耗管理系统采用分层分布式系统体系结构，对建筑的电力、燃气、水等各分类能耗数据进行采集、处理，并分析建筑能耗状况，实现建筑节能应用等。在完成能源计量及数据采集后，建立能耗监测系统，增加相应硬件设备及分析软件，最终通过信息化系统完成数据采集、数据处理、实时监测、能耗预警、统计分析等功能。

建筑能耗监测系统功能主要划分为智慧监控、智慧统计与分析、专家诊断三大模块。智慧监控模块功能分为：能耗结构图（建筑能耗实时监测）、系统原理图（空调系统实时监测、供暖系统实时监测）、实时数据监测和预测控制。智慧统计与分析模块功能分为：能耗总览、分项能耗、能耗分析、能耗预测和能耗对标。专家诊断模块功能分为：节能评估、能源审计、异常诊断和报表明细。

通过能源计划、能源监控、能源统计、能源消费分析、重点能耗设备管理、能源计量设备管理等多种手段，使企业管理者对企业的能源成本比重以及发展趋势有准确的掌握，并将企业的能源消费计划任务分解到各个部门，使节能工作责任明确，促进企业健康稳定发展。

3. 暖通空调系统智能化控制系统

项目在江铜国际广场金陵大酒店室内安装多功能环境传感器，监测室内关键区域舒适度参数，在空调系统管路上安装温度、流量传感器，增加机组通信模块，监测空调系统运行状态，并以最不利室内参数作为冷水机组智能控制的依据，通过出水温度优化、冷水机组组合运行、分时控制等功能实现冷水机组的节能优化运行。对冷冻循环水泵、冷却水循环泵、供暖循环水泵运行策略进行优化，实时调节空调系统运行参数。

由平台得知项目冷机运行效率偏低，通过优化冷水泵频率的方式对冷水系统进行优化；通过调节冷机开启台数及频率、冷却塔开启台数及风机频率、冷却泵开启台数及风机频率对冷却水系统进行整体优化。使得在满足室内人员舒适度要求的前提下，空调冷却侧耗电量（包括冷却泵，冷却塔及冷机组能耗）及冷冻侧水泵侧耗电量最低。通过表2.11-11对比分析可知，优化控制运行策略后供冷用能下降15.94％。

江铜国际广场金陵大酒店优化前后用能对比   表2.11-11

日期	总用电量(kWh)	供冷用能(kWh)
2020/5/7	6184	3034
2020/5/8	7619	3686
2020/5/9	6767	2967
优化前总计	—	9687
2020/5/10	5770	2643
2020/5/11	5954	2935
2020/5/12	5677	2565
优化后总计	—	8143

2.11.5 可推广的亮点

通过对各类控制优化策略的分析和比较，选择了能利用已有实施运行数据，实现专家知识和机器学习的结合的方法。同时，通过对大量实际案例的总结分析，提炼出大量基础知识，有效使用既有专家知识。在此基础上，提出基于此方法的具体自学习分析策略表，利用自学习算法弥补专家系统的不足，实现优化策略对于不同性质、不同工况的建筑系统的匹配，满足建筑实际需求，最终实现技术创新。

根据以上示例，该方法优化效果良好，且对设备性能衰减存在一定的适应能力，综合而言，相比传统方法，该方法具有如下优势：

（1）控制策略中可利用已有的运行数据和分项计量数据。在实际运行中，已有的 BA 系统运行数据和分项计量数据都可被有效利用，参与系统整体优化。

（2）减少现场工作量。在运行优化的过程中，一般情况下，通过与同类建筑用能横向对比，找出优化运行方法，实际优化动作中不需要人员的过多参与。

（3）对传感器精度和数量的需求降低。由于平台采用了大数据对比策略，可在有基本运行数据和电量数据的情况下进行优化。

（4）实现全局优化。优化策略和整个系统进行交互，可实现针对整个系统的优化。

（5）可结合当前已有知识。在应用系统时，工作人员会事先了解整个系统，从而给定系统初始知识，最大化利用已有物理知识和信息。

（6）策略可根据系统情况进行更新。使得当系统内部发生变化（如设备老化、传感器偏差）后，该策略依然能在新的系统情况下对策略进行更新，寻找新的最优工况点。

综上，该系统具有较好的运行效果，具有推广价值。

精品示范工程实施单位：江西省建筑科学研究院

2.12 南昌绿地中央广场

2.12.1 项目概况

1. 楼宇概况

南昌绿地中央广场坐落于江西省南昌市红谷滩新区。市政府西侧，地铁1、2号线在此交汇，丰和中大道、红谷中大道等城市主干道将其环伺左右。绿地集团总投资约42亿元人民币的绿地中央广场，是一座大规模、现代化、高品质的标志性"城市综合体"，涵盖商业中心、精装豪宅、世界级酒店、甲级写字楼等多种物业形态，汇聚商业、居住、商务办公、景观、休闲等多重资源，满足现代化城市发展进程的高品质需求。南昌绿地中央广场项目总建筑面积42万 m^2，其中双子塔写字楼（A1、A2楼）29.33万 m^2，项目已于2014年12月竣工。如今，南昌绿地中央广场两栋303m超高层主建筑绿地中心双子塔楼如双星闪耀，气势恢宏，辉映赣江两岸，已成为南昌市乃至江西省的标志性建筑物。建筑外观如图2.12-1所示。

图2.12-1 建筑外观图

目前绿地中央广场A片区各智控系统位于A2楼负一层中控室中，分为变配电管理系统、BA系统、空调系统、智能照明、停车系统5个独立的智控系统组成，各系统运行大致稳定。目前配电管理系统、BA系统、空调系统3大系统现状如下：

（1）变配电系统

变配电系统由南京天溯自动化控制系统有限公司建设，监控范围包括7个变电所及A1、A2楼层配电。变电所监控以运行监测为主，监测设备运行电流、电压等参数，总计约300余个回路（其中常用回路178个）。楼层配电以物业抄表功能为主，每个楼层分8个区域用电，总计1850个回路。

（2）BA系统（楼宇设备自控系统）

BA系统由霍尼韦尔（Honeywell）提供，其中包括送排风、给水排水、空调、冷热水泵的自控。冷热水泵覆盖了A1、A2、群房、地下室的热水循环泵、冷水循环泵、板式换热器的监控；送排风系统覆盖了A1、A2、裙房、地下一层、地下一层夹层、地下二层、地下三层的送风机及排风机运行状态及起停状态；给水排水系统覆盖水箱及水泵、集水井的水泵状态、液位状态的监测。

（3）空调系统

空调系统由江森自控中国提供，主要监测楼层各送风机、回风机的运行状态。

2. 用能概况

南昌绿地中央广场的能耗种类主要为电耗、气耗和水耗。电耗方面主要包括办公设备、照明、电梯、空调、信息中心用电等，气耗为燃气热水锅炉冬季制热用气，水耗为日常生活用水、空调用水及消防用水，建筑总体能耗量大。

南昌绿地中央广场已安装电能分项计量能耗监测系统，现有分项计量系统分户计量系统是南京天溯系统，数据点位约20000点，采用南京天溯自有协议Modbus-M协议传输，涉及针对该系统的定制开发，开发工作量较大，点位数量大。用水分项计量计量了大楼总用水量。

（1）电能使用情况

南昌绿地中央广场有专门的高压配电室，位于地下二层开闭所，总进线为4路10kV市政高压供电，变压器低压侧基本按照分项计量的方式进行了电气回路的分配，各配电支路比较清晰，各区域照明、冷冻机、水泵等均独立开关，故对整个建筑可实现分项计量。该配电系统承担整个大楼的全部用电负荷，且在高低压侧均装有电量计量表，南昌绿地中央广场用电计量仪表为南京天溯，测量精度都是0.5级，可计量参数种类电压、电流、电功率、电度值，通信方式为Modbus。

（2）空调使用情况

南昌绿地中央广场目前夏季供冷主要使用的是6台冷水机组，其中2台螺杆式冷水机组，6台高压离心式冷水机组。冷水主机和具体参数如图2.12-2、表2.12-1所示。中央空调系统为四管制。夏季供水设计温度为5.5℃。总供水管分两路，一路供应A1塔楼，另一路供应A2塔楼。

冬季供暖使用4台真空热水锅炉，每台制热量为2800kW，供回水设计温度为70℃/95℃。真空热水锅

图2.12-2 离心式冷水机组外观

炉外观如图2.12-3所示，具体参数及冷热水输配设备清单如表2.12-2、表2.12-3所示。

空调冷水机组清单 表 2.12-1

设备名称	品牌/型号	台数	基本参数
离心式冷水机组	开利 19XR8083E63MHC5A	4	单台供冷量 5270kW 单台功率 1003kW
螺杆式冷水机组	开利 19XR50504QFLDH52	2	单台供冷量 2100kW 单台功率 412kW

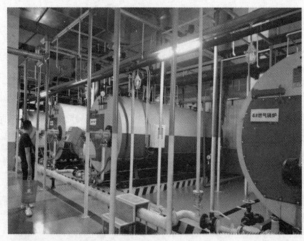

图 2.12-3 真空热水锅炉外观

真空热水锅炉参数 表 2.12-2

设备名称	品牌/型号	台数	基本参数
真空热水锅炉	青岛荏原 WNS2.8-1.0/95/70	4	单台制热量 2800kW 额定出水压力 1000kPa

冷热水输配设备清单 表 2.12-3

设备名称	品牌/型号	台数	基本参数	备注
冷冻泵	SIEMENS 1LE0002-1EB4	3	$P = 22kW$	两用一备
冷冻泵	SIEMENS 1LE0002-3EB4	8	$P = 55kW$	三用一备
冷冻泵	SIEMENS 1LE0002-4EB1	9	$P = 75kW$	两用一备
冷却泵	SIEMENS 1LE0002-2CB2	5	$Q = 1180m^3/h$ $H = 30m$ $P = 160kW$	四用一备
冷却泵	SIEMENS 1LE0002-1CB2	3	$Q = 470m^3/h$ $H = 30m$ $P = 75kW$	两用一备
热水循环泵	SIEMENS 1LE0002-2AB4	13	$P = 30kW$	

（3）用水情况

南昌绿地中央广场的建筑用水主要用于生活用水、空调用水和消防用水，为1路市政总进户表，管径为DN150。市政进水总管外观如图2.12-4所示。

图2.12-4　市政进水总管照片

（4）气能源使用情况

南昌绿地中央广场用气主要是真空热水锅炉冬季供暖使用天然气，天然气管道分两路从市政供气总管至地下二层锅炉房。现场燃气表如图2.12-5所示。

图2.12-5　现场燃气表

（5）环境监测情况

南昌绿地中央广场作为南昌市5A级办公建筑，建筑面积大、用能人数多、人流量集中、空调能耗高，对室内环境的舒适度要求较高。目前各楼层均配有新风系统，但缺乏对室内环境参数的实时监测，新风系统的调节效果没有直观的数据说明。

（6）人员信息情况

目前，南昌绿地中央广场常驻办公人员未安装人员计量系统，无法统计流动办事人员，且缺乏对整体用能人数与建筑能耗之间关系的整合与分析。

2.12.2　实施情况

1. 总体方案概述

南昌绿地中央广场用电回路计量完整，电表数据采集传输设备均正常运行中，故用电能耗的采集不需要新装电表,只需调试数据传输程序即可。大楼未对用水量进行监测,故需要安装水流量计1台;采用集中式空调水系统制冷/制热,故需要安装冷热量计6台;大楼未安装环境监测设备,故需要新装6台多功能环境监测传感器。

建筑内部能耗监测末端系统包括建筑电耗、气耗、水耗、冷热量和室内环境参数。能耗监测网络采用485现场总线实现对建筑能耗各类参数的监测,通过建筑能耗监测智能网关实现与建筑内部网络的链接。示范工程的建筑能耗及环境参数通过建筑内部的智能网关基于Internet网络将数据上传到全国绿色建筑大数据管理平台。

南昌绿地中央广场建筑能耗监管平台作为"十三五"国家重点研发计划"基于全过程的大数据绿色建筑管理技术研究与示范"的精品示范工程项目,需实施的内容如下:

(1)建筑气耗计量:自动采集,共监测建筑用气总表2块;

(2)建筑水耗计量:自动采集,共监测建筑用水总表1块;

(3)建筑冷热量计量:自动采集,共监测建筑冷热量表计6套;

(4)建筑环境参数监测:自动采集,共监测室内环境测点6个;

(5)建筑室内人员信息计量:自动采集,共监测主要出入口10个。

2. 加装监测设备清单

南昌绿地中央广场建筑能耗监管平台加装的监测设备清单如表2.12-4所示。

加装监测设备清单 表2.12-4

序号	设备名称	设备品牌	设备型号	设备数量	作用
1	环境传感器	环奕	TSP-1613C	6	实现室内环境监测
2	外夹式超声波冷热量表	先超	XCT-2000FEM	6	实现空调系统冷热量总量计量
3	外夹式超声波流量表	先超	XCT-2000W	1	实现建筑用水量计量
4	人员统计设备	环奕	IDTK	10	实现建筑用能人数的监测统计

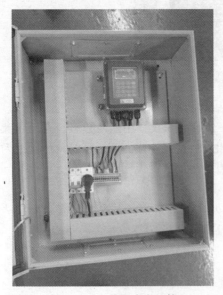

图2.12-6 热量表主机箱

3. 电能监测

南昌绿地中央广场已安装用电能耗监测系统,监测点位数为481个,满足课题标准要求。

4. 空调冷热量监测

(1)热量表设备选型

本建筑空调冷热量计是外夹式超声波冷热量表,测量精度为2级,通信方式Modbus,可输出多种累积热量、瞬时热量、供回水温度等数值。热量表和技术参数如图2.12-6、表2.12-5所示。

(2)热量表现场安装

外敷式传感器安装间距以两传感器的最内边缘距离为准,间距的计算方法是首先在菜单中输入所需的参数,查看窗口M25所显示的数字,并按此数据安装传感器。外夹式流量传感器如图2.12-7所示。

热量表技术参数   表 2.12-5

类别		性能、参数
主机	原理	超声波时差原理,4 字节 IEEE754 浮点运算
	精度	流量:优于±1%
	显示	可连接 2×10 背光型汉字或 2×20 字符西文型液晶 显示器,支持中、英、两种语言
	信号输出	1 路 4~20mA 电流输出,阻抗 0~1K,精度 0.1%
		1 路 OCT 脉冲输出(脉冲宽度 6~1000ms,默认 200ms)
		1 路继电器输出
	信号输入	3 路 4~20mA 电流输入,精度 0.1%,可采集温度、压力、液位等信号
		可连接三线制 PT100 铂电阻,实现热量测量
	数据接口	隔离 RS485 串行接口,可通过 PC 电脑对流量 计进行升级,支持 Modbus 等协议
	数据记录	可选配外置 SD 卡,容量可达 2G
管道情况	管材	钢、不锈钢、铸铁、铜、PVC、铝、玻璃钢 等一切致密的管道,允许有衬里
	管公称直径	$DN15~DN6000$
	直管段	传感器安装点最好满足:上游 $10D$,下游 $5D$,距泵出口 $30D$(D 为管径)
测量介质	种类	水、海水等能够传导超声波的单一均匀的液体
	温度	温度:−30~160℃
	浊度	10000ppm 且气泡含量少
	流速	0~±10m/s
工作环境	温度	主机:−20~60℃;流量传感器:−30~80℃
	湿度	主机:85%RH;传感器防护等级 IP68
电源		DC8~36V 或 AC220V
功耗		1.5W

外夹式传感器安装实施前,应收集建筑暖通图纸,对照设计图纸勘查施工现场,核对设备数量及容量、管径大小、平面管路布置情况,并绘制系统图。

冷量计量应当计量空调主机冷水的流量,并测量空调主机冷水进出水的温差,根据水流量和温差计算出本台空调主机的供冷量。冷水水流量可通过测量空调主机冷水供水管的流量来实现。冷水进出水温差是空调主机的冷水供、回水管内温差。因此测量空调主机冷水供水管和冷水供、回水管的温度即可。空调主机冷水供回水管如图 2.12-8 所示。

因本项目热量表安装数量较多,安装地点在同一个设备间,故热量表主机集中安装于设备箱,在设备房壁挂式安装。集中安装既美观,又便于施工、调试和日后物业人员的管理维护。超声波冷热量表主机箱如图 2.12-9 所示。

项目现场冷冻水供水管为 $DN350$ 和 $DN300$,故选择 Z 法安装。传感器安装位置选在水平管道,上下游安装点连线与管轴平行,且距离为主机菜单显示的距离。安装时打开管道保温层,使用角磨机将安装传感器的区域抛光,并用砂纸打磨使管壁光滑,除掉锈迹油漆或防锈层。用干净抹布蘸丙酮或酒精擦去油污和灰尘，以确保测量准确。使用配套耦合剂均匀涂抹在传感器发射面，安装至处理好的管道表面，并用钢带固定。如图2.12-10所示，温度传感器探头直接贴壁附着于处理后的管道上。

图2.12-7 外夹式流量传感器

图2.12-8 空调主机冷冻水供回水管

图2.12-9 超声波冷热量表主机箱

图2.12-10 流量传感器安装

5. 环境监测

（1）环境参数监测设备选型

本项目向某厂家定制了TSP-1613C系列多功能环境检测仪，可以同时监测的参数包括环境温度、湿度、二氧化碳浓度、$PM_{2.5}$浓度等，一起采用相关传感器和运算芯片，具备高精度、高分辨率、稳定性好等优点。适用于空气环境监测设备嵌入配套和系统集成，诸如智能办公楼宇环境监测系统，智能家居环境监测系统，学校、医院、酒店环境监测系统，新风控制系统，空气净化效率检测器、车载空气环境检测仪等场所。多功能环境检测仪外观和参数如图2.12-11、表2.12-6所示。

图2.12-11 多功能环境检测仪外观

环境传感器/探测器参数表 表2.12-6

通用参数	
监测参数	$PM_{2.5}/PM_{10}$；二氧化碳 CO_2(选项)；TVOC(选项)；温湿度
通信接口	RS485(Modbus RTU)WI-FI RJ45(Ethernet)
显示屏(可选)	OLED超清晰显示屏； 监测参数显示方式可设置： 多参数滚动显示或显示一个参数，手动切屏显示其他参数
使用环境	温度：0～50℃,湿度：0～99%RH
储存环境	温度：-10～50℃,湿度：0～90%RH(无结露)
供电	24VAC±10%,或12～36VDC
外形尺寸	94mm(宽)×116.5mm(高)×36mm(厚)
外壳材料及防护等级	PC/ABS防火材料 IP30
安装标准	暗装：65mm×65mm管盒
	明装：可选择安装支架
$PM_{2.5}/PM_{10}$参数	
传感器	激光粒子传感器,光散射法
测量范围	$PM_{2.5}:0～1000\mu g/m^3$ $PM_{10}:0～1000\mu g/m^3$
输出分辨率	$1\mu g/m^3$
零点稳定性	$±5\mu g/m^3$
精度	＜±15%(@25℃,10%～50%RH)

续表

温湿度相关参数	
传感器	高精度数字式一体温湿度传感器
温湿度测量范围	温度：0～50℃,湿度：0～99%RH
输出分辨率	温度：0.01℃,湿度：0.01%RH
精度	温度：<±0.5℃@25℃,湿度：<±3.0%RH(20%～80%RH)
CO_2 参数	
传感器	红外非扩散式（NDIR）
测量范围	400～2000ppm
输出分辨率	1ppm
精度	±75ppm 或读数的10%(取大者)(@25℃,10%～50%RH)
可挥发性气体相关参数	
传感器	TVOC 传感模块
测量范围	0～4.0mg/m^3
输出分辨率	0.001mg/m^3
精度	±0.05mg+5%读数(0～2.0mg/m^3)

（2）环境参数监测设备现场安装

根据课题《示范工程动态数据采集要求》中的建议，测点应安装于公共区域人员活动区域距离地面1.5m高度处。环境参数监测设备现场安装应注意：

1）将环境检测仪安装在需要检测的位置，应远离发热体或蒸汽圆头，防止阳光直射；

2）应尽量远离大功率干扰设备，以免造成测量不准确，如变送器、电机等；

3）避免在易于传热且会直接造成与待测区域产生温差的地带安装，否则会造成温湿度测量不准确。

6. 用水量监测

本建筑选取的安装设备是具有远程采集和数据传输等功能的智能型水表。通过数据传输线与智能采集网关连接，使用485通信等方式对水表进行24h全天候自动采集，无需人工干预。对于采集到的数据将发送至能耗数据中心。由数据中心通过后台汇总计算，以图表曲线或报表的形式展示出来。超声波水量表主机箱如图2.12-12所示。

设备参数：

➤ 测量精度1%；

➤ 测量范围：可实现口径 $DN15～DN600$ 管道测量；

➤ 主机多种安装方式：壁挂安装、导轨安装、隔爆箱安装；

➤ 配接温度传感器，可实现冷热量测量；

➤ 主机防护等级 IP67，传感器防护等级 IP68。

7. 用气量监测

本建筑选取安装燃气表自动计量摄像头，通过 OCR 图像识别技术，对表面图像进行处理识别。并将读出的数据传入平台，生成燃气实时数据。燃气自动计量摄像头如图2.12-13所示。

图 2.12-12　超声波水量表主机箱

图 2.12-13　燃气自动计量摄像头

8. 人员监测

南昌绿地中央广场为办公建筑，建筑面积大、入驻部门数量多、用能系统复杂，拥有常驻办公人员 3000 余人，其余办事人员不定，每日人流量巨大，而用能人数与建筑整体能耗存在着一定的变化关系，采集每日的人员数量具有较强的意义。

现采用红外人流量智能计数器实现对建筑人数的实时监测，设备外观及技术参数如图 2.12-14 及表 2.12-7 所示。

图 2.12-14　红外人流量智能计数器

红外人流量智能计数器设备参数　　　　　表 2.12-7

名称	说明
识别算法	基于视频分析原理
	检测头及肩膀,并跟踪行进轨迹
统计方向	双方向统计(进、出同时识别)
准确度	客流统计准确度 95% 以上(标准场景)
数据上传	设备端每 1min 1 条数据上传至云平台
断网续传	支持,本机内数据缓存最长为 30 日,为循环覆盖存储
平台端连接方式	设备端主动方式寻找并连接平台
网络接入	支持无线 Wi-Fi(802.11G),支持有线网络(RJ45 接口)
安装方式	壁装、吊顶装
镜头	2.8mm,适配 1/2.5CCD
滤片	红外滤片
安装高度	最低安装高度 2.5m;最高安装高度 5m
客流检查范围	每台设备覆盖地面宽度:2.8~3.5m(根据不同的安装高度);覆盖宽度可调
Wi-Fi 配置方式	采用 smart link 方式 Wi-Fi 配置操作
远程升级	支持通过云平台对设备 firmware 升级
远程参数配置	支持通过云平台进行设备参数配置
供电方式	DC12V,1A
产品尺寸	最大直径 111mm,厚度 33mm

　　根据出入口类型及门口宽度选择安装类型及数量,多个门时需每个门安装一台计数器。采集周期为 15min,完成人数数据的同步上传。

　　由于南昌绿地中央广场每栋塔楼有 3 个主要进出口,需设置 5 个测点,点位布置如表 2.12-8 所示。

南昌绿地中央广场人数自动采集监测点位表　　　　　表 2.12-8

序号	安装位置	能耗节点	安装数量	备注
1	A1 大堂入口	人员信息	3	
2	A1 大堂地库客梯	人员信息	1	
3	A1 大堂扶梯	人员信息	1	
4	A1 大堂货梯	人员信息	2	地下二层和地下三层
5	A2 大堂入口	人员信息	3	
6	A2 大堂地库客梯	人员信息	1	
7	A2 大堂扶梯	人员信息	1	
8	A2 大堂货梯	人员信息	3	地下一层、地下二层、地下三层

2.12.3 基于监测数据的分析预测

1. 用能预测分析

南昌绿地中央广场 2019 年用能情况分析如表 2.12-9 所示。

2019 年用电情况一览表　　　　　　　　　　　　表 2.12-9

月份	总电量(kWh)	占全年比例
1 月	1011600	7.26%
2 月	786480	5.64%
3 月	984960	7.07%
4 月	1067040	7.66%
5 月	1221720	8.77%
6 月	1335960	9.59%
7 月	2563680	18.40%
8 月	1635600	11.74%
9 月	1316160	9.45%
10 月	649920	4.66%
11 月	682050	4.80%
12 月	678350	4.87%
合计	13933520	—

暖通系统用能占比如表 2.12-10 所示。

南昌绿地中央广场暖通系统用能占比　　　　　表 2.12-10

日期	总用电量(kWh)	供冷用能(kWh)	占比
2020/6/8	19897	16129	81.06%
2020/6/9	32535	17706	54.42%
2020/6/10	33517	18152	54.16%
2020/6/11	35296	20613	58.40%
2020/6/12	36288	24631	67.88%
2020/6/13	22412	18983	84.70%

由上可知，南昌绿地中央广场夏季每日暖通空调系统用电占总建筑用电 50% 以上。2019 年至 2020 年用电整体呈现夏、冬季高，过渡季低的趋势。暖通空调系统有一定的节能空间。

2. 用能诊断预测

根据南昌绿地中央广场绿色建筑大数据管理平台诊断结果，南昌绿地中央广场在用能方面存在如下问题。

（1）冷机运行效率低

根据平台数据计算，本建筑冷冻机组运行效率（COP）与其他同类建筑横向对比值位于 25% 分位之下，说明该建筑冷源实际运行时，可能存在"冷源机组运行效率低下"的现象。南昌绿地中央广场实时诊断界面如图 2.12-15 所示。

（2）公共区域照明单位电耗偏高

当前建筑景观照明系统处于非运营时间内运行时，单位面积照明能耗位于所有建筑景观照明系统单位面积照明能耗值异常高值处，说明该建筑景观照明系统在实际运行时，可

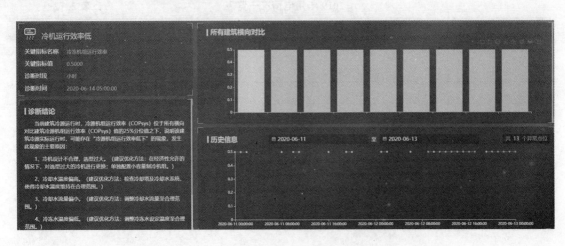

图 2.12-15　南昌绿地中央广场实时诊断界面

能存在单位建筑面积照明能耗偏高的现象。

3. 用能系统优化运行

为确保南昌绿地中央广场用能系统科学、节能地运行，根据南昌绿地中央广场绿色建筑大数据管理平台所发现的问题，平台均给出优化建议。

（1）"冷机运行效率低"问题原因及优化建议

1）冷机设计不合理，选型过大。建议优化方法：在经济性允许的情况下，对选型过大的冷机进行更换；单独配置小容量制冷机组。

2）冷却水温度偏高。建议优化方法：检查冷却塔及冷却水系统，使得冷却水温度维持在合理范围。

3）冷却水流量偏小。建议优化方法：调整冷却水流量至合理范围。

4）冷水温度偏低。建议优化方法：调整冷水设定温度至合理范围。

5）冷水流量偏小。建议优化方法：调整冷水流量至合理范围。

6）设备存在脏堵、老化等问题导致自身性能差，效率低下。建议优化方法：对冷机进行彻底排查和清洗。重点排查两器阻力、三相电流、噪声、震动、制冷剂容量、传感器灵敏度等。

（2）"公共区域照明单位电耗偏高"问题原因及优化建议

1）采用了高耗能灯具，例如低效荧光灯、白炽灯、金卤灯等。建议优化方法：实施相关改造，更换高耗能灯具为高效、节能的新型灯具。

2）公共区域设计照度过高。建议优化方法：调整公共区域照明配置或灯具开启数量，避免浪费或过高的照度水平。

3）照明运行策略不合理。建议优化方法：配置照明智能控制系统或制定合理的照明开关制度；对于有自然采光的大进深室内区域，根据自然采光亮度和室内照明需求合理启用分区或分组照明；应根据建筑空间特点，合理采用声、光、时间控制等智能控制装置；对于具有可调光功能的区域，应根据场所不同使用需求调节光源照度；对于景观照明等室外照明设备，应设定合理的开启时间。

2.12.4 实施效果评价

南昌绿地中央广场的能耗监测范围涵盖了建筑用电、用水、空调冷（热）量的监测、室内环境监测、建筑人员数量监测，监测种类全面，基本满足示范工程要求。为了实现建筑的节能运行，南昌绿地中央广场在照明和空调与照明系统方面采用了相关节能措施，并建造了能源监测管理平台，具体措施如下所示：

1. 基于 BIM 技术的智慧运行信息管理系统

2017 年 12 月下旬竣工验收"基于 BIM 技术的智慧运行信息管理系统"，是我院与上海建科院共同合作打造的项目，已完成各厂商的系统集成工作（配电系统、空调系统、BA 系统）。主要开发内容为 BIM 运用、配电系统、分户计量、设备监测、环境监测、报警事件、节能分析、系统数据综合运用等。暖通 BA 系统采用的是霍尼系统，数据点位约20000 点。空调系统采用的是江森系统，数据点位约 60000 点，都是采用 BACNetIP 协议进行数据采集，点位数据量大，而且要和 BIM 模型相结合，实时性要求较高。配电系统和分户计量系统是南京天溯系统，数据点位约 20000 点，采用南京天溯自有协议 Modbus-M 协议传输，涉及针对该系统的定制开发，开发工作量较大，点位数量大，而且能耗数据和 BIM 模型相结合，难度系统高。该管理平台系统总计监测点超过 10 万点，采用最新的建筑模型展示技术进行整合展示。

由平台得知项目冷机运行效率偏低，通过优化冷冻水泵频率的方式对冷冻水系统进行优化；通过调节冷机开启台数及频率、冷却塔开启台数及风机频率、冷却泵开启台数及风机频率对冷却水系统进行整体优化。使得在满足室内人员舒适度要求的前提下，空调冷却侧耗电量（包括冷却泵、冷却塔及冷机组能耗）及冷冻侧水泵侧耗电量最低。优化策略运行后，冷机总体 COP 为 5。

2019 年 4 月南昌绿地中央广场供冷用能为 181753kWh，2020 年 4 月供冷用能为1742383kWh，节能率为 20%。

2. 景观照明采用 LED 节能灯及智能监测系统

南昌绿地中央广场 LED 景观照明幕墙面积高达 3.53 万 m^2，荣获吉尼斯世界纪录"世界最大 LED 照明幕墙"。该幕墙全部采用 LED 节能灯，比普通景观灯节能一半以上。整个安装调试过程时间长达一年，LED 像素点多达 101088 个。同时，通过创新技术，实现了灯光美学中见光不见灯的效果，景观照明幕墙的建设使红谷滩新区摩天大楼群灯光闪烁，流光溢彩，成为赣江之畔的一道靓丽的风景线。

项目单独对景观照明幕墙的用电进行计量，并纳入南昌绿地中央广场智慧运行信息管理系统。根据不同日期与需求，调节 LED 景观照明幕墙开启时间与数量；并在管理系统中设置单独界面，对幕墙景观照明用电量趋势进行展示及分析，以达到节能目的。

根据平台数据对比，南昌绿地中央广场 2019 年第四季度与 2020 年第一季度景观照明用能情况分析如表 2.12-11 所示：

景观照明用电情况一览表　　　　　　　　　　　　　表 2.12-11

时间	景观照明用能（kWh）	时间	景观照明用能（kWh）
2019 年 9 月	17815	2020 年 1 月	22181
2019 年 10 月	20833	2020 年 2 月	16599

时间	景观照明用能(kWh)	时间	景观照明用能(kWh)
2019 年 11 月	19910	2020 年 3 月	16424
2019 年 12 月	22976	2020 年 4 月	17592
总计	81534	总计	72796
节能率	10.72%		

通过对比分析可知，优化控制运行策略后的景观照明用能一季度可节能 10.72%。

2.12.5 可推广的亮点

通过对各类控制优化策略的分析和比较，选择了能利用已有实施运行数据，实现专家知识和机器学习的结合的方法。同时，通过对大量实际案例的总结分析，提炼出大量基础知识，有效使用既有专家知识。在此基础上，提出基于此方法的具体自学习分析策略表，利用自学习算法补足专家系统的不足，实现优化策略对于不同性质、不同工况的建筑系统的匹配，满足建筑实际需求。最终实现技术创新。

根据以上示例，该方法优化效果良好，且对设备性能衰减存在一定的适应能力，综合而言，相比传统方法，该方法具有如下优势：

1. 控制策略中可利用已有的运行数据和分项计量数据。在实际运行中，已有的 BA 系统运行数据和分项计量数据都可被有效利用，参与系统整体优化。

2. 减少现场工作量。在运行优化的过程中，一般情况下，通过与同类建筑用能横向对比，找出优化运行方法，实际优化动作中不需要人员的过多参与。

3. 对传感器精度和数量的需求降低。由于平台采用了大数据对比策略，可在有基本运行数据和电量数据的情况下进行优化。

4. 实现全局优化。优化策略和整个系统进行交互，可实现针对整个系统的优化。

5. 可结合当前已有知识。在应用系统时，工作人员会事先了解整个系统，从而给定系统初始知识，最大化利用已有物理知识和信息。

6. 策略可根据系统情况进行更新。使得当系统内部发生变化（如设备老化，传感器偏差）后，该策略依然能在新的系统情况下对策略进行更新，寻找新的最优工况点。

综上，该系统具有较好的运行效果，具有推广价值。

精品示范工程实施单位：江西省建筑科学研究院

2.13 深圳天安云谷科技园Ⅱ期办公大楼

2.13.1 项目概况

1. 楼宇概况

天安云谷科技园二期位于深圳市龙岗区坂田，由深圳天安云谷投资发展有限公司建成，天安云谷结合土地集约利用和功能复合高效的思路，规划了产业研发、居住、商业、休闲娱乐、酒店、教育等城市基本功能，还建设了公园、云平台、跑步绿道、文化活动中心等必要的开放空间，有效提升人才与创业人群的工作与生活体验，创造了人才、企业、商家等各种服务机构之间相互关联，并以 SMAC 等新一代信息化技术的应用优化产业生态圈的分工与交换，构建 O2O 社区整体在线智慧园区资源与服务平台，打造线上线下相结合的创新园区。

本建筑共 43 层，地上 40 层，包括办公、公寓、商业用房；地下 3 层，分别为车库和设备用房。地面建筑高度为 188.5m，总建筑面积为 326728.19m²，其中地上面积为 251188.69m²，地下室面积为 75539.5m²。空调主机等设备及输配系统位于地下一层。天安云谷科技园Ⅱ期办公大楼外观如图 2.13-1 所示。

2. 用能概况

天安云谷Ⅱ期能耗种类主要为电耗和水耗。电耗方面主要包括园区公共区域、各类办公租户、商业商铺有关的办公和专业设备、照明、电梯、空调、信息中心用电等；水耗主要为办公和商铺日常用水、空调用水、消防用水、保洁用水，建筑总体能耗量大。

图 2.13-1 天安云谷科技园Ⅱ期办公大楼

天安云谷科技园Ⅱ期 0301 地块包括 4 栋办公楼和 5 栋宿舍楼，项目先期已经完成了能源管理系统的建设，建设范围主要是对 4 栋的电耗、水耗情况进行全面的监视以及 5 栋的电能耗监视，项目后期规划与已有天安云谷科技园Ⅰ期能源管理平台以进行对接，实现整个园区全面、集中、统一的能源和机电设备一体化监控管理。

项目为达到精品示范工程要求，基于已有合同建设内容，结合课题能耗模型要求，需对已有电回路进行适当的增改和数据拆分重构，并根据建筑面积及功能区分布增加温度、湿度、二氧化碳以及 $PM_{2.5}$ 等环境监测的点位。

（1）电能使用情况

天安云谷科技园Ⅱ期共有 2 个高低压配电室，位于地下一层设备间，变压器低压侧基本按照分项计量的方式进行了电气回路的分配，各配电支路较为清晰，各区域照明、冷冻机、水泵等均独立开关，故对整个建筑可实现分项计量。该配电系统承担整个大楼的全部用电负荷，且在高低压侧均装有电量计量表，主要包括 2 类：一种是天溯 NTS-236 三相网络电力仪表，用于计量建筑总用电量及各低压回路用电量；另一种是天溯 NTS-240GS 三相导轨式电能表，用于采集楼层电能和计费控制。两种表可计量采集电压、电流、功率等数据，上传至能源管理平台。电表采用 RS485 通信，布线采用 RVVSP2 * 0.75 通信总线手拉手连接至电表通信管理机。电表通信管理机采用超五类网线接入园区现有设备网。配电房现场与表计如图 2.13-2 所示。

图 2.13-2　配电房现场与表计

高低压配电房及楼层回路情况如表 2.13-1 所示：

	配电回路及点位统计		表 2.13-1
序号	名称	位置	电表点位数
1	高低压变电所	1 号高低压变电所　B1F	159
		5 号高低压变电所　B1F	40
2	楼层配电箱	B3F 各配电箱　B3F	20
		B2F 各配电箱　B2F	11
		B1F 各配电箱　B1F	21
		1F 各配电箱　1F	18
		2F 各配电箱　2F	28
		3F 各配电箱　3F	34
		4F 各配电箱　4F	25
		5F 各配电箱　5F	14
		6F~34F 层配电箱　6F~34F	15/层
		35F 各配电箱　35F	13
		36F 各配电箱　36F	13
		37F 各配电箱　37F	12
		38F 各配电箱　38F	10
		39F 各配电箱　39F	11
		40F 各配电箱　40F	11
合计			875

（2）空调使用情况

天安云谷Ⅱ期办公楼塔楼全部采用集中式中央空调系统，分为裙楼中央空调系统和塔楼中央空调系统，制冷主机均采用麦克韦尔品牌，其中裙楼有1台螺杆主机，2台离心主机；塔楼有2台螺杆主机，4台离心主机。空调机房制冷主机如图2.13-3所示。

空调系统设备统计具体清单如表2.13-2所示：

图2.13-3　空调机房制冷主机

空调系统设备统计　　　　　　　　　　　　　　　表2.13-2

系统	设备类型	台数	额定制冷量(kW)	额定输入电功率(kW)
裙楼中央空调系统	螺杆式冷水机组	1	1336	221.9
	离心式冷水机组	2	2286	364
塔楼中央空调系统	螺杆式冷水机组	2	1109.3	185.6
	离心式冷水机组	2	2813	447.9
	离心式冷水机组	2	4220	668.8

天安云谷Ⅱ期项目已部署了汉维BA系统，并安装远传能量表90块，实现建筑总耗冷量和各层/区域用冷量的二级计量。其中在冷冻机房的6个中央空调供冷总管上分别安装了远传能量表用于计量建筑总耗冷量；在各层/区域进户管上安装远传能量表84块，实现各层/区域用冷量计量。总耗冷计量点位如表2.13-3所示。

总耗冷计量点位　　　　　　　　　　　　　　　表2.13-3

序号	类型	监测点位	管径	数量	备注
1	空调总管	中央空调总管	DN500	1	已有
		中央空调总管	DN400	2	已有
2		中央空调总管	DN350	3	已有
3	进户管	空调进户管	DN250	9	已有
4		空调进户管	DN200	2	已有
5		空调进户管	DN150	33	已有
6		空调进户管	DN100	8	已有
7		空调进户管	DN80	14	已有
8		空调进户管	DN65	17	已有
9		空调进户管	DN50	3	已有

（3）用水情况

天安云谷Ⅱ期办公楼的用水主要是生活用水、重点设备用水（冷热水）等。项目已有的能耗监测系统在每层水管回路及重要用水设备回路上共安装了139块埃美柯的远传水表，采集用水量数据。远传水表采用M-BUS通信，布线采用RVVSP2＊1.0通信总线连接至水表通信管理机。水表通信管理机采用超五类网线接入天安现有设备网，数据上传到本地能源管理系统进行统计分析和展示。已有水表点位信息如表 2.13-4 所示。

已有水表点位信息 表 2.13-4

序号	名称	管径	水表点位数
1	重要设备	DN25	22
		DN50	24
2	生活用水	DN15	7
		DN25	42
		DN50	44
总计			139

（4）环境监测情况

目前天安云谷Ⅱ期建筑在部分电梯入口处装设有温湿度传感器，但不具有远传功能。其他各楼层均缺乏对室内环境参数的实时监测，空调新风系统的调节效果没有直观的数据说明。

（5）人员信息情况

天安云谷Ⅱ期项目作为综合性的办公建筑，建筑面积大、入驻单位数量众多、用能系统复杂，每日人流量约为 2 万人，而用能人数与建筑整体能耗存在着一定的变化关系，采集每日的人员数量具有较强的意义，利于平台软件能耗关联分析及节能策略输出。

2.13.2 实施情况

1. 总体方案概述

针对项目已有水、电、气回路及点位，结合课题能耗采集标准模型要求，在已有建设内容基础上，结合园区物业和业主可允许改造范围内容及已有 BA 系统，可实现条件优化能源管理系统。通过回路适度改造和回路数据拆分重构方式，设计项目课题专用能耗采集模型。

根据能耗采集模型，增补电耗、水耗、空调计量、环境等采集终端设备，并在保障园区租户正常运营不受影响情况下，进行施工改造。

增补通信管理设备，并针对课题需要开发与课题大数据平台对接转发软件模块，数据转发模块作为单独的应用进程运行，并提供相应的配置文件，实现对数据转发模块的管理。通过通信管理层数据直接对接课题大数据平台，可保障项目院方和课题对采集模型的差异化要求。

项目采用天溯自研"NTS-HLMS 生态后勤智慧运维平台软件"，通过平台软件"NTS-EMS 能源管理"子系统实现对各类能耗的采集、统计分析、节能策略优化，并与已有的 BA 系统以进行对接；通过平台软件综合监控、设备管理等子系统实现耗能机电设备的监控和运维管理。通过该平台软件的应用，实现对能源及耗能机电设备的监管控一体化管理，利于节能分析及策略优化。

通过实施上述方案，针对园区特点可实现的项目能耗采集模型如表 2.13-5 所示。

建筑能耗模型匹配情况　　　　　　　　表 2.13-5

能耗层级	能耗节点	能耗模型是否自动采集	若"否"，请选择原因	若手动录入请明确数据颗粒度	备注
1	总用电量	是	—	—	
	总天然气量	否	本建筑不使用此项		
	总用水量	是	—	—	
	总外购冷量	否	本建筑不使用此项		
	总外购热量	否	本建筑不使用此项		
	原煤	否	本建筑不使用此项		
	总煤气量	否	本建筑不使用此项		
	柴油	否	本建筑不使用此项		
	液化石油气	否	本建筑不使用此项		
	光伏发电总量	是	—	—	
	光伏发电量(建筑自用部分)	是	—	—	
	其他能源	否	本建筑不使用此项		
2	总耗冷量	是	—	—	
	总耗热量	否	本建筑不使用此项		
3	供冷用能	是	—	—	
	供暖用能	否	本建筑不使用此项		
	照明用电	是	—	—	
	办公设备用电	是	—	—	
	风机用电	是	—	—	
	电梯用电	是	—	—	
	信息机房用电	是	—	—	
	炊事用能	否	本建筑不使用此项		
	变压器电量损耗	是	—	—	
	其他专用设备用电	是	—	—	
	照明与办公设备用电	否	本建筑不使用此项		已在同级节点区分
4	冷水机组用能	是	—	—	
	冷却侧循环泵与风机用电	是	—	—	
	冷源设备用能	是	—	—	
	冷冻水循环泵用电	是	—	—	
	冷站设备用能	是	—	—	
	空调箱风机(供冷)用电	否	本建筑不使用此项		
	锅炉用能	否	本建筑不使用此项		
	电驱动热泵热源用电	否	本建筑不使用此项		
	热水循环泵用电	否	本建筑不使用此项		
	空调箱风机(供热)用电	否	本建筑不使用此项		

能耗层级	能耗节点	能耗模型是否自动采集	若"否"，请选择原因	若手动录入请明确数据颗粒度	备注
4	新风机用电	否	本建筑不使用此项		
	带热回收新风机组用电及回收冷热量	否	本建筑不使用此项		
	通风机用电	是	—	—	
	排风机用电	是	—	—	
	公共区域照明用电	是	—	—	
	公共区域办公设备用电	是	—	—	
	租户照明用电	是	—	—	
	租户办公设备用电	是	—	—	
	信息机房 IT 负载总用电量	是	—	—	
	公共区域照明与办公设备用电	否	本建筑不使用此项		已在同级节点区分
	租区照明与办公设备用电	否	本建筑不使用此项		已在同级节点区分
人员信息	常在室人数	否	此项手动录入	日数据	
	厨房炊事部分供餐总人数	否	本建筑不使用此项		
	出租率—办公公共区域域使用率	是	—	—	
环境参数	二氧化碳浓度	是	—	—	
	温度	是	—	—	
	$PM_{2.5}$ 浓度	是	—	—	
	湿度	是	—	—	

2. 项目投入及加装监测设备清单

天安云谷Ⅱ期办公大楼项目作为课题精品示范项目，在课题实施期内，为同时满足园区项目及课题需求，前期投入及后期加装能耗采集、环境监测、通信管理设备主要如表2.13-6所示。

项目已投及加装设备清单　　　　表 2.13-6

序号	设备名称	设备品牌	设备型号	数量
1	环境多参数监测器	中立格林	TSP-1613C	17
2	电能表计	天溯	NTS-240GS、220GS；NTS-230、240	3985
3	智能水表	浙江埃美柯	LXLY、LXSY 系列	3050
4	人员量计量	腾讯	腾讯大客流数据应用平台	1

上述电能表计和智能水表一部分用于项目模型所需采集能耗数据，另一部分用于独立用户或区域的计量计费控制使用，利于后期节能管理措施执行。

3. 电能监测

（1）电能数据采集

天安云谷Ⅱ期现于高压配电间低压侧的配电柜上安装了型号为 NTS-230 三相网络电力仪表，用于采集配电间电能数据；各楼层安装了 NTS-240GS 导轨表用于采集楼层各类电能数据。电表采用 RS485 通信，布线采用 RVVSP2 * 0.75 通信总线手拉手连接，至电表通信管理机。通信管理机采用超五类网线接入园区现有设备网，上传至"NTS-HLMS 生态后勤智慧运维平台软件"能耗监测子系统。

同时电能耗数据通过 NTS-165E 管理管理机数据转发模块，实现对绿色建筑大数据管理平台发送数据，且转发数据在本地存储，支持数据核查使用，支持断点续传功能。

（2）系统模型调整

项目为适应"绿色建筑大数据平台示范工程"的数据采集要求，天安云谷科技园Ⅱ期能耗监测系统的能耗模型需做少量调整，以适应功能分析的需求。增加调整的用电分项包括第三层：供冷用能、风机用能等；第四层：冷水机组、冷战设备、通风和排风、公共区域照明、租户照明等。

（3）设备选型

1）通信管理机设备选型

本建筑采用南京天溯生产的 NTS-165 系列通信管理机作为数据采集通信管理设备，数据采集端口 RS485、RS232、M-BUS、以太网光纤 SC 可选，2 路 RJ485 网口输出。通信管理机外观如图 2.13-4 所示。

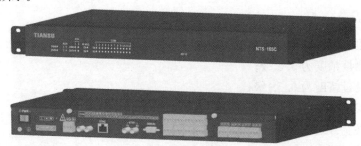

图 2.13-4　通信管理机外观图

设备主要技术参数包括：

➤ 电压输入：47～63Hz/88V～264VAC 或 88V～264VDC；

➤ 功耗：不大于 10W；

➤ 系统配置：CPU：Freescale MCIMX287 主频 454MHz；占用率＜30％；

操作系统：Linux 2.6.35；

内存：128MB DDR2；占用率＜30％；

外部存储：128MB NAND FLASH；

➤ 通信端口：2 路 RJ485 网口输出；

　　　　　　12 路电气隔离 RS485 串口；

　　　　　　1 路非隔离 RS232 串口；

　　　　　　可选 1 路 M-BUS 通信接口及以太网光纤 SC 接口；

➤ 工作温度：－25～55℃；

➤ 存储温度：－25～70℃；

➤ 相对湿度：0～95％不结露；

➤ 大气压力：86～106kPa。

2）电表设备选型

本建筑采用南京天溯生产的 NTS-230 网络电力仪表进行配电间各回路出线的能耗采集。该电能表具有强大的数据采集和处理功能，可以测量几十种诸如电压、电流、功率、功率因数、频率、相位、负载性质等常用电力参数，同时还具有自动抄表、需量测量、越限报警、电能累计、开关量输入、N 继电器输出、模拟量输出等功能。系列三相网络电力仪表及现场安装如图 2.13-5 所示。

图 2.13-5　NTS-230 系列三相网络电力仪表及现场安装图

设备主要技术参数包括：
➢ 测量精度：电压、电流测量精度为 0.2 级；
有功功率测量精度为 0.5 级；
有功能量测量精度为 0.5S 级；
无功功率与有功功率测量精度为 2 级；
➢ 工作电源：AC/DC88～264V；
➢ 工作温度：−25～70℃；
➢ 通信接口：RS-485，半双工，光隔离。

本建筑采用南京天溯生产的 NTS-240GS 系列导轨式多功能网络电力仪表进行楼层用电的采集和计费控制。该产品采用最先进的微处理器和数字信号处理技术设计而成，集合全面的三相电量测量、能量计量、故障报警、继电器输出与网络通信于一身。可实现高精度的测量、计量、需量统计、事件记录、实时运行状态监测、分时计费、预付费、恶意负载识别等功能，可满足测量、计费等应用。NTS-240GS 系列导轨式多功能网络电力仪表及现场安装如图 2.13-6 所示。

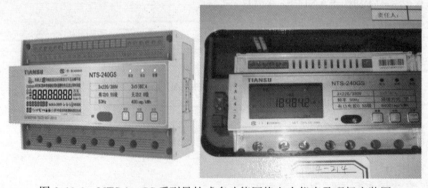

图 2.13-6　NTS-240GS 系列导轨式多功能网络电力仪表及现场安装图

设备主要技术参数包括：
➤ 测量精度：电压、电流测量精度为 0.2 级；
有功功率测量精度为 0.5 级；
有功能量测量精度为 0.5S 级；
无功功率与有功功率测量精度为 2 级；
➤ 工作电源：AC/DC 88～264V；
➤ 工作温度：－25～70℃；
➤ 通信接口：RS-485，半双工，光隔离；
➤ 开关量输入：开入隔离电压光耦隔离，2000VAC rms；
　　　　　　　开入输入形式有源湿节点；
　　　　　　　开入电压范围　220VAC　±20％；
➤ 外控继电器输出：输出形式机械式触点；
　　　　　　　　　开出最大开关电压　277VAC，30VDC；
　　　　　　　　　开出最大开关电流　5A；
　　　　　　　　　触点与线圈间耐压　2500VAC rms。

4. 耗冷量监测

天安云谷二期项目已部署了汉维的 BA 系统，并安装远传能量表 90 块，实现建筑总耗冷量和各层/区域用冷量的二级计量。本项目通过 OPC 对接，实现 BA 系统中的耗冷量数据对接至天溯能源管理系统平台，并基于 NTS-165E 通信管理机进行数据转发对接课题绿色建筑大数据管理平台。

5. 用水监测

天安云谷二期建筑已安装能耗监测系统，并在每层水管回路及重要用水设备回路上共安装了 139 块埃美柯的远传水表，采集用水量数据。远传计量水表采用 M-BUS 通信，布线采用 RVVSP2＊1.0 通信总线连接至水表通信管理机。水表通信管理机采用超五类网线接入天安现有设备网，数据上传到本地能源管理系统和课题大数据平台进行统计分析和展示。现场水表安装如图 2.13-7 所示。

图 2.13-7　现场水表安装图

本建筑采用品牌型号为埃美柯 LXSY 系列远传水表进行用水采集，测量精度高，通信方式 M-BUS 或 RS485，超低耗电，工作稳定可靠。

设备主要技术参数包括：

- 使用条件：冷水≤40℃；热水：≤90℃压力≤1MPa；
- 工作电流：M-BUS 总线（1.0~1.3）mA，RS485 总线（0.6~0.8）Ma；
- 工作电压：DC24~36V（M-BUS 总线） DC12V（RS485 总线）；
- 误差：小流量≤±5%，常用流量≤±2%；
- 通信距离：300m；
- 通信规约：CJ/T188-2004 或者 DT645-1997 或双方约定。

6. 环境监测

根据课题《示范工程动态数据采集要求》的规定，本建筑总共新加装了 17 台四合一传感器（能够实现 $PM_{2.5}$、CO_2、温度、湿度的综合测量），详细安装点位信息如表 2.13-7 所示。

表 2.13-7

环境监测传感器安装点位表

序号	区域	环境传感器数量	备注
1	办公楼	14	一共 40 层，每三层一套
2	地下室	3	地下一层、地下二层、地下三层各 1 套
	合计	17	

数据传输和展示：设备采用 RS485 通信接入通信管理机，通信管理机采用超五类网线接入园区现有设备网，数据上传到本地能源管理系统进行实时监控和展示。并通过通信管理机向绿色建筑大数据管理平台进行转发。环境监测传感器系统接入示意图如图 2.13-8 所示。

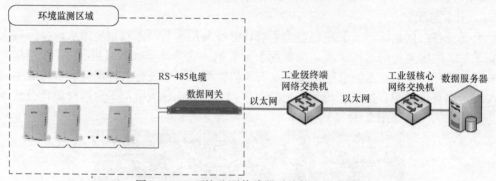

图 2.13-8 环境监测传感器系统接入示意图

本建筑采用品牌型号为北京中立格林传感科技股份有限公司的 TSP-1613C 室内多参数监测器，能够实时测量 $PM_{2.5}$、CO_2、温湿度参数，具备高精度、高分辨率、稳定性好等优点。适用于空气环境监测设备嵌入配套和系统集成，诸如智能办公楼宇环境监测系统，智能家居环境监测系统，学校、医院、酒店环境监测系统，新风控制系统，空气净化效率检测器等场所。多参数监测器外观和参数如图 2.13-9、表 2.13-8 所示。

图 2.13-9 室内多参数传感器外观图

室内多参数传感器设备技术参数　　　表2.13-8

型号	PM$_{2.5}$	温度湿度	CO$_2$	TVOC	24VAC/VDC供电	通信接口
TSP-1611C	●	●			●	RS485(Modbus RTU)
TSP-1613C	●	●	●		●	
TSP-1618C	●	●	●	●	●	
TSP-1621C	●	●			●	Wi-Fi
TSP-1623C	●	●	●		●	
TSP-1628C	●	●	●	●	●	
TSP-1631C	●	●			●	RJ45(Ethernet)
TSP-1633C	●	●	●		●	
TSP-1638C	●	●	●	●	●	

通用参数

监测参数	PM$_{2.5}$/PM$_{10}$;CO$_2$(选项);TVOC(选项);温湿度
通信接口	RS485(Modbus RTU) WI-FI@2.4GHz 802.11b/g/n RJ45(Ethernet)
使用环境	温度:0~50℃　　　湿度:0~95%RH
存储环境	温度:-10~50℃　　　湿度:0~70%RH(无结露)
供电	24VAC±10%,或18~24VDC
外形尺寸	94mm(宽)×116.5mm(高)×36mm(厚)
外壳材料及防护等级	PC/ABS防火材料　IP30
安装标准	暗装:65mm×65mm管盒 明装:可选安装支架

PM$_{2.5}$/PM$_{10}$参数

传感器	激光粒子传感器,光散射法
测量范围	PM$_{2.5}$:0~600μg/m^3 PM$_{10}$:0~600μg/m^3
输出分辨率	1μg/m^3
零点稳定性	±5μg/m^3
精度	<±15%(@25℃,10%~50%RH)

温湿度相关参数

传感器	高精度数字式一体温湿度传感器
温湿度测量范围	温度:-20~60℃/湿度:0~95%RH
输出分辨率	温度:0.01℃/湿度:0.01%RH
精度	温度:<±0.5℃@25℃　湿度:<±3.0%RH(20%~80%RH)

CO$_2$参数

传感器	红外非扩散式
测量范围	400~2000ppm
输出分辨率	1ppm
精度	±75ppm或读数的10%(取大值)(@25℃,10%~50%RH)

7. 人流量监测

项目通过与腾讯公司合作实现基于微信定位扫描技术的人流量监测，进行人流数据采集，并通过人工录入的方式将数据上传到大数据平台。

2.13.3　基于监测数据的分析预测

1. 用能评价分析

本建筑用能评价以大数据平台和项目本地自建能源管理系统软件结合的方式进行。天安云谷科技园Ⅱ期2019年1至11月份总用电量为379753.26kWh，平均月用电量为489068.48kWh。最大用电量单月为8月份，用量905305.38kWh，该月份是天安供冷高峰，大量空调制冷导致用电量达到年度峰值；最小用电量单月在2月份，用量为85341.38kWh，该月份是供冷最低点，且由于深圳不需供暖加之春节故用电为最低值，用电趋势符合实际情况。

本项目为综合性的科技型产业园区，入驻主要类型包括：商铺、企业租户、私人公寓、园区公共服务机构等。该园区用电具有如下特点：园区因入驻企业及商铺众多，总体用能无明显因节假日和周末因素减少趋势；因为园区24h运营，每天用能受夜间休息影响能耗降低区间比较低。

综上分析，本建筑为新模式科技产业园区建筑，能耗用户业态多样复杂，建筑体量大，且因地处深圳，用能特征包括：夏季空调用电量突增明显，占总电能耗比例大（2020年6月数据为58%）；用户复杂物业难度较大，管理节能措施难以实施；总体能耗用量大，节能基础较好，对标业内单位能耗值本项目具有一定的节能空间。因此在用能系统优化方面主要侧重暖通空调系统的效能优化，以用能计费控制技术手段实施节能管理措施。

2. 用能诊断预测

大数据平台可实现各能耗模型的时、日、月、年等颗粒度的基于历史数据、关联因素、先进算法的较为精准的能耗预测，该预测利于用能异常诊断及节能效果展现。

从预测情况看，总体预测与实际用能趋势基本一致，部分预测精度约为15%以下，较为精准。部分实际用量明显大于预测总量，分析其主要原因为当天产业园区非固定外来人员数量增多，园区内餐饮商铺和空调用能增加导致。个别能耗突变原因为重点电能采集表计数据上传异常导致。总体预测精度将随着高质量历史数据积累进一步提升。

安云谷科技园Ⅱ期能源管理系统具有负荷预测功能，该功能基于多态算法融合的能耗预测建模技术和分布式动态能耗资源认知评估技术，借助机器学习、数据挖掘、智能认知等技术，通过动态建模方式，实现建筑环境下各种影响耗能的参数因子变动情况下能耗指标可逐时动态预测。预测算法综合考虑历史能耗趋势、实时能耗趋势、温度、作息等因素，算法具备学习能力，跟踪时间越长、数据量越大，预测越准确，预测周期最大支持90天。结合较高精度预测及能源审计、能源事件功能，可有效发现用能异常。用能预测为发现耗能异常和节能空间诊断提供决策依据，利于技术和管理节能策略制定和用能系统优化。

对天安云谷科技园Ⅱ期2019年12月份的用电量进行预测查询，该月预测总用电量778245.23kWh，而实际用量为669257.72kWh，实际用能与预测值差距较大，主要为本栋建筑现处于试运行阶段，用能不稳定及历史数据积累周期较短导致。其中12月24号～

26号实际用能数据高于预测数据，原因为圣诞节期间园区餐饮、商店、娱乐性质商铺用电量增加。天安云谷科技园Ⅱ期12月用电量预测如图2.13-10所示。

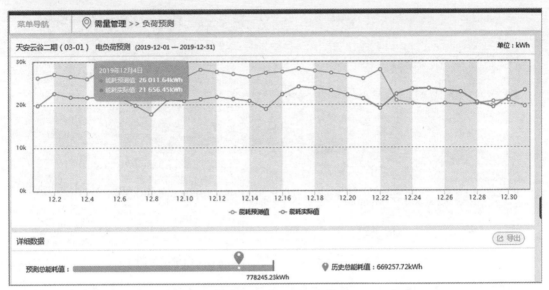

图2.13-10　天安云谷科技园Ⅱ期12月用电量预测

3. 用能系统优化运行

项目基于用能诊断预测分析及现场勘查，识别本建筑电能耗在管理和技术方面均具有一定节能空间，用能系统优化主要措施包括：基于与已有BA系统对接，针对暖通空调系统通过设备运行状态及参数采集，通过能源分析及审计识别COP、EEP等能效异常及可优化空间；通过平台软件NTS-EAM设备管理子系统，实现重要耗能机电设备的报修、预防性故障预测及维护保养，提高机电设备安全和用能效率；针对园区有大量企业和私人租户情况，通过基于平台软件NTS-EMCS用能计费子系统实现对各用能区域和用户的计量考核，提高园区入驻和物业后勤人员管理节能意识和效果提示。

项目基于平台软件综合监控子系统，通过OPC协议与BA系统、空调系统、空调计费系统的对接，实现暖通、空调、给水排水、锅炉等机电系统的运行参数采集和告警处理。

项目应用天溯能源管理系统软件中专家分析系统，基于空调能耗数据及有关设备运行参数采集、分析，出具月度运行报告，并实时诊断输出严重影响空调系统用能异常和运行效率的控制策略优化建议，结合BA系统进行调控执行优化，以达成COP和EEP参数最优化，保障空调系统运行安全和能效最优化。

本项目针对产业园区特点，应用平台软件NTS-EMCS用能计费子系统，实现对园区内各类租户的用能计量采集及预付费管理，园区物业通过本系统可有效管控电能收缴费，针对公共区域用电考核责任到人，通过该节能管理措施有效的提升了用户节能意识，有利于园区整体节能。

2.13.4　实施效果评价

天安云谷科技园Ⅱ期项目按照示范工程建设标准要求，应用能源管理系统建立了四级能源表示模型，多层次展现了园区各级能源消耗情况，并对重点设备、区域的能耗进行监控和统计分析。天安云谷科技园Ⅱ期能源表示模型示意图如图 2.13-11 所示。

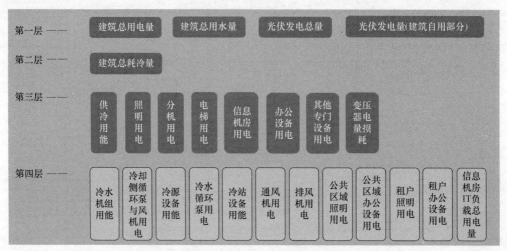

图 2.13-11　天安云谷科技园Ⅱ期能源表示模型示意图

项目基于上诉能耗模型，实施各类能耗和环境采集设备现场施工，基于 NTS-165E 通信管理机数据转发模块，并结合静态数据和手工录入方式，已完成课题大数据平台对接，各项数据指标基本达成课题标准要求。

项目通过建设能源管理系统及应用其能耗门户管理、能耗分析、能耗对比、节能专家、负荷预测、报告报表、告警管理等核心功能，持续进行能耗数据监控、分析、节能空间分析及策略制定，并结合现场人员运维服务实施节能策略落地。项目基于通过管理和技术节能措施实施，环比分析 2019 年 11 月份总用电量比 10 月份总用电量降低了 8.06%，共节约用电 60931kWh。

2.13.5　可推广的亮点

本项目基于课题能耗采集标准和大数据平台，结合自建"NTS-HLMS 生态后勤智慧运维平台软件"及系统，实现建筑能耗的全面采集、传输、多维统计和展现、预测、用能诊断及节能分析功能，基于自建系统实现系统用能优化和节能措施实施，显著提升建筑用能质量和效率。主要可推广示范内容包括：

1. 数据质量优化及提升

项目采用 NTS-165E 通信管理设备实现各类能耗采集终端数据直接上送课题大数据平台，该设备具备就地级数据异常识别（突变、丢失等情况）和修复、数据本机备份和断点续传功能，保障上送平台数据的质量。

同时，课题大数据平台对通信管理设备上传数据可实现监测点异常识别、数据缺失率和突变率统计，并具有异常钻取功能，可快速定位数据质量缺陷。

课题大数据平台软件通过"监测点情况"功能，能够下钻展示详细设备连接情况，如本项目，异常点位 1 个，下钻后可以快速定位问题设备，便于问题处理。

课题大数据平台"数据质量"功能客观展示各个建筑上传数据质量，且支持点击下钻查看具体上传数据，快速定位异常情况。平台还具备数据的自动修复功能，能够自动对缺失的数据进行后台修复。

项目通过平台软件及通信管理设备两层技术保障措施，有效提升了数据质量，保障平台数据应用的有效率性。

2. 全面的用能评价及预测

大数据平台可实现各项能耗实时和历史数据监测、建筑和机电设备静态数据展现；能耗多维分项多时间颗粒度预测；能耗占比、同比、环比分析；能耗对标标准及 KPI；能效评价和用能诊断等众多用能评价有关功能。

项目同时基于自建能源管理系统能源审计、能源事件、能耗关联因素分析等功能，实现用能精细化分析及异常处理。

项目基于上诉，可全面的进行用能评价和诊断，结合预测功能，及时发现用能异常及节能空间，为用能系统优化和节能策略制定提供基础。

3. 能源和机电设备一体化节能优化

项目基于能耗数据诊断分析，使用现场自建"NTS-HLMS 生态后勤智慧运维平台软件"系统实现影响能耗主要机电系统（暖通空调、照明、行业专用设备等）的安全监控、保养维护全生命周期管理、能效参数和控制策略优化，达成节能降耗和提升运行安全目标。生态运维平台软件功能架构（适用于机场、地产、医院）如图 2.13-12 所示。

该平台软件以强弱电一体化监管控平台为基础，能源与机电设备管理两大核心体系为支撑，基于统一的平台、统一的数据和统一的架构，针对本课题项目提供功能包括：能源管理子系统、综合监控子系统、设备管理子系统、用能计费子系统，实现能源及耗能机电设备的一体化监控管理，有效促进用能及设备运行安全和节能效率提升。

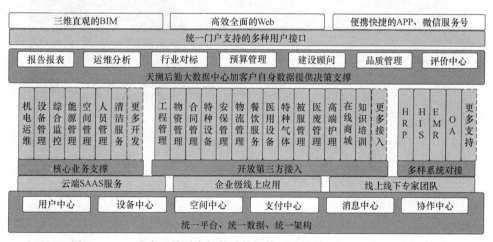

图 2.13-12　生态运维平台软件功能架构（适用于机场、地产、医院）

综上，该系统具有较好的运行效果，具有推广价值。

精品示范工程实施单位：南京天溯自动化控制系统有限公司

2.14 南京鼓楼医院总部院区南扩楼

2.14.1 项目概况

1. 楼宇概况

南京鼓楼医院为江苏省著名医院，国家综合百强医院，是一所集医疗、教学、科研为一体的综合性大型三级甲等医院。本项目南扩楼是集住院、门诊、急诊、医技、学术交流等的综合性医院扩建项目，是政府的民生工程和重点建设工程；2012 年鼓楼医院南扩新大楼高票入选南京 20 年新地标，被评选为新世纪魅力南京十佳标志性建筑；2013 年荣获江苏省公共机构节能示范单位；2013 年荣获世界建筑新闻奖优胜奖；2014 年荣获 2014～2015 年度中国建设工程鲁班奖。

本建筑总建筑面积约 22.4 万 m^2，病床总数 1600 张，设计门诊接待量 8000 人，是一栋大型综合医院建筑。南扩楼地上约 17 万 m^2，由 3 个部分构成：北侧 6 层医技部，建筑高度为 26m；中段住院部 14 层，建筑高度为 57m；南侧门诊楼 5 层，建筑高度约 23m；地下 2 层，约 5.4 万 m^2，分别为车库和设备用层。空调主机设备及电力输配系统位于地下二层。南京鼓楼医院南扩楼外观如图 2.14-1 所示。

图 2.14-1 南京鼓楼医院南扩楼外观图

2. 用能概况

南京鼓楼医院总部院区南扩楼能耗种类主要为电耗、气耗和水耗。电耗方面主要包括重大医疗设备、医院专用系统有关机电设备、办公设备、照明、电梯、空调、信息中心等用电；气耗为燃气锅炉及厨房用气；水耗为医疗用水、住院病患及职工用水、空调用水、消防用水、保洁用水。建筑总体能耗量大。

本栋建筑在课题立项之前已经先期完成了能源管理平台的建设，系统软件已经安装部署完毕，能源管理平台的建设范围主要是对南扩楼的电耗、水耗、空调能耗情况依据院方招标文件技术要求进行全面的监视，并与已有的南扩楼冰蓄冷系统、光伏系统对接，实现能耗和机电设备的一体化管理。

（1）电能使用情况

鼓楼医院总部院区南扩楼设有高压配电室，位于地下二层，总进线为 4 路 10kV 市政高压供电，变压器低压侧基本按照分项计量的方式进行了电气回路分配，各配电支路较为清晰，各区域照明、冷冻机、水泵等均设独立开关，对整个建筑可实现分项计量，可部分实现基于课题能耗标准模型的分类采集。该配电系统承担整个大楼的全部用电负荷，且在高低压侧均装有电量计量表：高压配电室进出线安装 SND_DB_PM800 三相网络电力仪表和天溯自产 NTS-230 三相网络电力仪表；楼层配电箱内安装天溯自产 NTS-240GS 三相导轨式电能表。各类电表主要采集电压、电流、功率及电度等数据，上传至能源管理平台。电表采用 RS485 通信，布线采用 RVVSP2*0.75 通信总线手拉手连接至电表通信管理机，通信管理机采用超五类网线接入医院现有设备网。配电房现场与表计如图 2.14-2 所示。

图 2.14-2 配电房现场与表计

开闭所回路、变压器出线回路、变电所低压出线回路、楼层配电箱回路及点位数量统计如表 2.14-1 所示：

电回路及点位统计 表 2.14-1

序号	名称		位置	功能/位置	电表点位数
1	开闭所	南扩楼开闭所	南扩楼负二层	高压回路	15
2	变电所低压出线	南扩楼 1 号变配电所	南扩楼负二层	1～6 楼裙楼供电	162
		南扩楼 2 号变配电所	南扩楼负二层	7～14 楼供电	88
		南扩楼 3 号变配电所	南扩楼负二层	地下室照明及动力供电	103
		南扩楼 4 号变配电所	南扩楼负二层	南扩楼中央空调供电	14
3	楼层配电箱	负二层各配电箱	南扩楼负二层	楼层用电计量	193
		负一层各配电箱	南扩楼负一层	楼层用电计量	24
		一层各配电箱	南扩楼一层	楼层用电计量	38

续表

序号	名称		位置	功能/位置	电表点位数
3	楼层配电箱	二层各配电箱	南扩楼二层	楼层用电计量	37
		三层各配电箱	南扩楼三层	楼层用电计量	37
		四层各配电箱	南扩楼四层	楼层用电计量	35
		五层各配电箱	南扩楼五层	楼层用电计量	35
		六层各配电箱	南扩楼六层	楼层用电计量	30
		七层各配电箱	南扩楼七层	楼层用电计量	16
		八层各配电箱	南扩楼八层	楼层用电计量	16
		九层各配电箱	南扩楼九层	楼层用电计量	16
		十层各配电箱	南扩楼十层	楼层用电计量	16
		十一层各配电箱	南扩楼十一层	楼层用电计量	16
		十二层各配电箱	南扩楼十二层	楼层用电计量	16
		十三层各配电箱	南扩楼十三层	楼层用电计量	16
		十四层各配电箱	南扩楼十四层	楼层用电计量	16
总计					939

（2）空调使用情况

鼓楼医院南扩楼暖通空调系统采用冷水机组＋冷却塔作为冷源，燃气锅炉提供热源，同时考虑医院建筑的负荷特点与削峰填谷，减少供电矛盾，实现宏观节能，空调采用部分负荷冰蓄冷方式。空调风系统和水系统均采用变频控制，过渡季节与初冬采用冷却塔免费制冷，减少空调系统能耗。冷水机组和蓄冰装置如图2.14-3、图2.14-4所示。

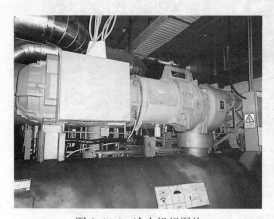

图2.14-3 冷水机组图片

图2.14-4 蓄冰装置图

空调系统主要设备清单如表2.14-2所示。

空调系统主要设备统计 表2.14-2

系统类型	型号	品牌	台数	基本参数
双工况螺杆式冷水机组	YSFYFYS55CME	约克	5	总制冷量 4676kW
卧式蒸汽锅炉	WNS6-1.0-Q	郑锅	5	额定蒸发量：1t/h，工作压力：0.81MPa

系统类型	型号	品牌	台数	基本参数
蓄冰装置	HYCPC-372	华源	15	潜热蓄冰量 372RTh
板式换热器	T20-BFG	阿法拉伐	2	换热量 3000kW，一次侧 3.5℃/11℃，二次侧 5/12℃
乙二醇泵	NBG200-150-400/375 A-F-B-GQQE	格兰富	3	$Q=380m^3/h, H=38m$

（3）用水情况

鼓楼医院总部院区南扩楼用水计量监测有 7 处市政总进水一级计量，目前为市政表计计量，采用人工采集数据后手动上传至能耗监测系统。楼层表计本身已安装了大连道盛远传式流量计监测各楼栋的用水量。远传水表采用 M-BUS 通信，布线采用 RVVSP2 * 1.0 通信总线连接至通信管理机。通信管理机采用超五类网线接入南扩楼现有设备网，数据上传到本地能源管理系统进行统计分析和展示。用水点位情况如表 2.14-3 所示。

水回路统计 表 2.14-3

序号	名称	管径	点位数	备注
1	一级监测点（市政表计）	DN100	5	手工
		DN150	2	手工
2	二级监测点（楼栋）	DN40	1	已有上传
		DN65	3	已有上传
3	重要设备	DN50	8	已有上传
4	热水计量（内部供热、太阳能热水）	DN20	1	已有上传
		DN40	4	已有上传
	总计		24	

（4）气能源使用情况

鼓楼医院总部院区南扩楼建筑总用燃气量从市政供气总管分出用于锅炉和食堂使用，总进气已经安装单独计量的燃气总表，燃气公司出于安全考虑，不允许用户对燃气管路做任何改动，采用人工抄表手工录入方式。

（5）环境监测情况

鼓楼医院总部院区南扩楼作为医院类建筑，人流量集中、空调能耗高，对室内环境的舒适度和质量要求较高，但是在建设初期，未对环境参数（温度、湿度、二氧化碳、$PM_{2.5}$）进行采集，根据课题精品要求需要进行改造。

（6）人员信息情况

南京鼓楼医院总部院区南扩楼建筑，建筑面积大，拥有常驻医护人员 1000 余人，因季节不同就诊人数不定，全年平均每日 3 万余人，人流量巨大。用能人数与建筑整体能耗存在着一定的关联，采集每日的人员数量利于平台软件能耗关联分析及节能策略输出。

医院建筑来往人员多为就诊病患，且建筑有多处出入口，人员频繁进出，不适合采用安装人流量监测设备进行人流量统计。

2.14.2 实施情况

1. 总体方案概述

针对南京鼓楼医院南扩楼项目已有水、电、气回路及点位，结合课题能耗采集标准模型要求，在已有建设内容基础上，结合院方允许改造范围内容，优化能源管理系统。通过回路适度改造和回路数据拆分重构方式，设计项目课题专用能耗采集模型。

根据能耗采集模型，增补电耗、水耗、空调计量、环境等采集终端设备，并在保障医院正常运营不受影响情况下进行施工改造。

增补通信管理设备，并针对课题需要开发与课题大数据平台对接数据转发软件模块，数据转发模块作为单独的应用进程运行，并提供相应的配置文件，实现对数据转发模块的管理。通过通信管理层数据直接对接全国绿色建筑大数据平台。

项目采用天溯自研"NTS-HLMS生态后勤智慧运维平台软件"之"NTS-EMS能源管理"子系统实现对各类能耗的采集、统计分析、节能策略优化，并与已有的南扩楼冰蓄冷系统进行对接；通过平台软件综合监控、设备管理等子系统实现耗能机电设备的监控和运维管理。通过该平台软件的应用，实现对能源及耗能机电设备的监管控一体化管理，利于节能分析及策略优化。

2. 加装监测设备清单

鼓楼医院南扩楼项目作为课题精品示范项目，在课题实施期内，为同时满足院方项目及课题需求，前期投入及后期加装能耗采集、环境监测、采集通信管理主要设备如表2.14-4所示。

南扩楼已投及加装设备清单 　　　　　　表2.14-4

序号	设备名称	设备品牌	设备型号	数量
1	外夹式超声波流量计	大连道盛	TUF-2000B系列产品	61台
2	外夹式超声波能量表	建恒	DCT1158CXZ＋A1B1CHN JTSD009DN	3套
3	环境多参数监测器	中立格林	TSP-1613C	10个
4	电能表计	天溯	NTS-240GS、220GS；NTS-230	277
5	数据采集器	天溯	NTS-153M LoRa自组网无线通信模块	5
6	通信管理机	天溯	NTS-165E	24
7	人员量计量	腾讯	腾讯大客流数据应用平台	1

3. 电能监测

（1）电能数据采集

鼓楼医院南扩楼于高压配电间低压侧的配电柜上安装了型号为NTS-230三相网络电力仪表；各楼层安装了NTS-240GS导轨表。各类电表采用RS485通信，布线采用RV-VSP2＊0.75通信总线手拉手连接，至电表通信管理机。电表通信管理机采用超五类网线接入医院现有设备网，上传至"NTS-HLMS医院生态后勤智慧运维平台"能源管理子系统。同时电能耗数据通过NTS-165E管理管理机数据转发模块，对接绿色建筑大数据管理平台发送数据，且转发数据在本地存储，支持数据核查使用，支持断点续传功能。

（2）系统模型调整

项目为适应"绿色建筑大数据平台示范工程"的数据采集要求，鼓楼医院能源管理系统的能耗模型需做少量调整，以适应功能分析的需求。增加调整的用电分项包括能耗模型第 3 层：供冷用能、供暖用能、风机用能等；能耗模型第 4 层：冷水机主用能、通风机用电、排风机用电等。

（3）设备选型

1）通信管理机设备选型

本建筑采用南京天溯生产的 NTS-165 系列通信管理机作为数据采集传输设备，设备支持 RS485、RS232、M-BUS、以太网光纤 SC 等接口可选。NTS-165 通信管理机是基于高性能 32 位处理器设计的嵌入式通信管理装置，具有多种通信接口方式，可根据现场设备需要灵活选择。NTS-165 通信管理机凭借其强大的网络支持能力和数据处理能力、丰富的通信规约库、灵活的逻辑功能、方便的组态配置工具、极高的稳定性和可靠性等特点，适合应用于各种变电站、配电所、电厂、电力调度/集控中心等监控系统中。

设备主要技术参数包括：

➢ 电压输入：47～63Hz/88V～264VAC 或 88V～264VDC；

➢ 功耗：不大于 10W；

➢ 系统配置：CPU：Freescale MCIMX287 主频 454MHz；占用率＜30%；

操作系统：Linux 2.6.35；

内存：128MB DDR2；占用率＜30%；

外部存储：128MB NAND FLASH；

➢ 通信端口：2 路 RJ485 网口输出；

12 路电气隔离 RS485 串口；

1 路非隔离 RS232 串口；

可选 1 路 M-BUS 通信接口及以太网光纤 SC 接口；

➢ 工作温度：-25～55℃；

➢ 存储温度：-25～70℃；

➢ 相对湿度：0～95% 不结露；

➢ 大气压力：86～106kPa。

2）电表设备选型

本建筑采用南京天溯生产的 NTS-230 网络电力仪表作为配电间各回路出线总电能耗采集。该电能表具有强大的数据采集和处理功能，可以测量几十种诸如电压、电流、功率、功率因数、频率、相位、负载性质等常用电力参数，同时还具有自动抄表、需量测量、越限报警、电能累计、开关量输入、继电器输出、模拟量输出等功能。NTS-230 系列三相网络电力仪表如图 2.14-5 所示。

设备主要技术参数包括：

➢ 测量精度：电压、电流测量精度为 0.2 级；

有功功率测量精度为 0.5 级；

有功能量测量精度为 0.5S 级；

无功功率与有功功率测量精度为 2 级；

图 2.14-5 NTS-230 系列三相网络电力仪表

> 工作电源：AC/DC 88～264V；
> 工作温度：－25～70℃；
> 通信接口：RS-485，半双工，光隔离。

本建筑采用南京天溯生产的 NTS-240GS 系列导轨式电力仪表进行楼层用电的采集和计费控制。该产品采用最先进的微处理器和数字信号处理技术设计而成，集合全面的三相电量测量、能量计量、故障报警、继电器输出与网络通信于一身。可实现高精度的测量、计量、需量统计、事件记录、实时运行状态监测、分时计费、预付费、恶意负载识别等功能，可满足测量、计费等应用。NTS-240GS 系列导轨式多功能网络电力仪表如图 2.14-6 所示。

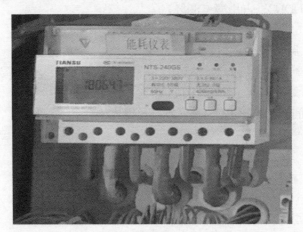

图 2.14-6 NTS-240GS 系列导轨式多功能网络电力仪表

设备主要技术参数包括：
> 测量精度：电压、电流测量精度为 0.2 级；
> 　　　　　有功功率测量精度为 0.5 级；
> 　　　　　有功能量测量精度为 0.5S 级；
> 　　　　　无功功率与有功功率测量精度为 2 级；
> 工作电源：AC/DC 88～264V；
> 工作温度：－25～70℃；
> 通信接口：RS-485，半双工，光隔离；

> 开关量输入：开入隔离电压光耦隔离，2000VAC rms;
>> 开入输入形式有源湿节点;
>> 开入电压范围   220VAC ±20%;
> 外控继电器输出：输出形式机械式触点;
>> 开出最大开关电压   277VAC，30VDC;
>> 开出最大开关电流   5A;
>> 触点与线圈间耐压   2500VAC rms。

4. 耗冷/热量监测

本建筑采用集中式中央空调系统进行供冷/热，其中冷源主要来自冷水机组、风冷热泵冷热水机组和磁悬浮机组，热源主要来自蒸汽锅炉。

项目为计量南扩楼的建筑总耗冷/耗热量，分别在位于负二层空调机房的中央空调供热、供冷总管上各安装了1块外夹式远传能量表（外夹式安装，不需破管）。能量表采用RS485通信方式，布线采用RVVSP2 * 0.75通信总线手拉手连接至能量表通信管理机，并由通信箱内集中供电的开关电源通过RVV2 * 1.0电源线给能量表提供DC24V供电。总耗冷、耗热计量点位和安装现场如表2.14-5、图2.14-7所示。

总耗冷、耗热计量点位　　　　　　　　　　　　　　　表2.14-5

区域	监测点位	管径	数量	备注
南扩楼	中央空调总管	DN700	1	供冷总管
	中央空调总管	DN400	1	供暖总管

图2.14-7　超声波冷热量表现场图片

项目选用建恒DCT1158C-11CP009XZ外夹式超声波流量计进行总量采集，其主要技术参数包括：

> 流速范围：0～±5m/s（0～9000m³/h）;
> 准确度：测量值的±1%，重复性：0.2%;
> 输出：0～5000Hz、OCT方式、4～20mA输出;

> 通信接口：RS 485（总网协议）Modbus 协议；
> 探头防护等级：IP68；
> 安装方式：外夹管道，壁挂式（安装无需破管、停管）；
> 供电方式：DC8-36V。

5. 用水监测

鼓楼医院南扩楼的用水计量监测有 8 处市政总进水的一级计量，目前为市政表计计量，采用人工采集数据后手动上传至能耗监测系统，为满足本次精品示范项目的自动采集需求，及能耗分析的数据完整，在 8 处进水处加装了流量计实现一级用水计量，具体点位和安装现场如表 2.14-6、图 2.14-8 所示。

水计量一级监测点   表 2.14-6

序号	水表位置	进水管径	数量	备注
1	马林楼南侧	DN100	1	
2	天津路 9 号入口	DN100	1	
3	培训中心进水	DN150	1	
4	1 号地铁出口	DN100	1	
5	3 号入口	DN150	1	医院建筑红线外
6	地下停车场天津路入口	DN100	1	医院建筑红线外
7	汉口路	DN100	2	医院建筑红线外

图 2.14-8 现场水表安装现场图

项目采用大连道盛 TUF-2000S/F-DN25 相外夹式超声波流量计采集用水量，主要技术参数包括：

> 流速范围：0～±10m/s. 正反向测量；
> 准确度：测量值的±1%，重复性：0.2%；
> 输出：OCT 方式、4～20mA 输出；
> 通信接口：RS 485（总网协议）Modbus 协议；
> 探头防护等级：IP65；

> 安装方式：外夹管道，壁挂式（安装无需破管、停管）；
> 供电方式：DC8-36V 或 AC85-264V。

6. 用气监测

南京鼓楼医院燃气总表在锅炉房内，燃气公司出于安全考虑，不允许用户对燃气管路做任何修改。为了实现示范工程标准的采集要求，在系统中设计了手工录入接口，以便在大数据平台能够展示与分析。

7. 环境监测

项目根据课题《示范工程动态数据采集要求》规定要求，精品示范项目的环境温度、湿度、二氧化碳浓度、$PM_{2.5}$ 浓度都需自动采集。为符合课题要求，本建筑总共新加装了10台四合一环境传感器（能够实现 $PM_{2.5}$、CO_2、温度、湿度的综合测量），详细安装点位信息如表 2.14-7 所示。

环境监测传感器安装点位表　　　　　　　表 2.14-7

序号	区域	环境传感器数量	备　　注
1	办公楼	8	一共14层,一、二层各1个,其余每两层一个
2	地下室	2	地下一、地下二层各1套
	合计	10	

本建筑采用北京中立格林传感科技股份有限公司的 TSP-1613C 室内多参数监测器，能够实时测量 $PM_{2.5}$、CO_2、温湿度参数，具备高精度、高分辨率、稳定性好等优点。适用于空气环境监测设备嵌入配套和系统集成，诸如智能办公楼宇环境监测系统，智能家居环境监测系统，学校、医院、酒店环境监测系统，新风控制系统，空气净化效率检测器等场所。

环境传感器采用 RS485 通信，直接接入现有能耗管理系统的通信管理机端口，为确保传感器供电安全，增加 10 个配电箱及 24 VDC 开关电源提供独立电源。环境传感器系统接入示意图如图 2.14-9 所示。

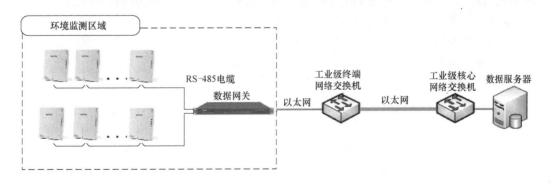

图 2.14-9　环境传感器系统接入示意图

8. 人流量监测

项目通过与腾讯公司合作实现基于微信定位扫描技术的人流量监测，进行人流数据采集，并通过人工录入的方式将数据上传到大数据平台。

2.14.3 基于监测数据的分析预测

1. 用能评价分析

本建筑用能评价以大数据平台和项目本地自建能源管理系统软件结合的方式进行。2019年1至10月份南扩楼总用电量为3057万kWh，平均月用电量为305.7万kWh。其中最大用电量单月为7月份，用量为416.8万kWh，该月份是医院供冷高峰，大量空调制冷导致用电量达到年度峰值；最小用电量单月出现在2月份，用量为221.9万kWh，该月份是医院供暖季节高峰，而供暖热源主要来源于蒸汽锅炉，用电量达到最低值，用电趋势符合医院地域实际情况。

项目通过系统软件能耗分析功能分析南扩楼2019年1至10月份的水能耗数据：1至10月份南扩楼总用水量为112万t，平均月用水量为11.2万t。最大用水量单月为10月份，用量约为15万t，其次为8月份用量12.5万t，符合夏季及夏秋交替时间就诊量偏多导致的用水量增多。最小用水量单月出现在2月份，用量约为8.5万t。总体用水量统计符合医院运营实际情况。

本项目是一栋集住院、门诊、急诊、医技、学术交流等的综合性医院建筑，分析其2020年4月份每日用电和用水数据，可以发现，整栋建筑用电、用水总体随着节假日和周末成规律起伏波动（门诊窗口减少），尤其是用水，周末时用量明显减少，体现了医院用能规律。

综上分析，本建筑为综合性的医院建筑，建筑体量大，单位能耗高，主要用能特征包括：夏季空调用电量突增明显，占总电能耗比例大（2020年6月数据为30%）；总体耗能量大，节能基础较好，对标业内单位能耗值本项目具有一定的节能空间。因此在用能系统优化方面主要侧重暖通空调系统的效能优化，以管理手段加节能控制技术实现节能措施。

2. 用能诊断预测

项目数据已按能耗采集标准要求上传课题大数据平台，本建筑以课题大数据平台为主，现场能源管理系统为辅的方式进行能耗预测及诊断。课题大数据平台可实现各能耗模型的时、日、月、年等颗粒度的基于历史数据、关联因素、先进算法的较为精准的能耗预测，该预测利于用能异常诊断及节能效果展现。

因项目能耗数据上传课题大数据平台时间较短，课题大数据平台预测数据暂无，因此近期结合现场能源管理系统进行预测诊断分析。南京鼓楼医院能源管理系统负荷预测功能基于多态算法融合的能耗预测建模技术和分布式动态能耗资源认知评估技术，结合定量分析精确度高和定性分析实时性好的特点，借助机器学习、数据挖掘、智能认知等技术，通过动态建模方式，实现建筑环境下各种影响耗能的参数因子变动情况下能耗指标可逐时动态预测。预测算法综合考虑历史能耗趋势、实时能耗趋势、温度、作息等因素，算法具备学习能力，跟踪时间越长、数据量越大，预测越准确，预测周期最大支持90天，理想状态下预测精度可达10%以下。结合较高精度预测及能源审计、能源事件功能，可有效发现用能异常。用能预测为发现耗能异常和节能空间诊断提供决策依据，利于技术和管理节能策略制定和用能系统优化。

3. 用能系统优化运行

项目基于用能诊断预测分析及现场勘查，识别本建筑用电能耗在管理和技术方面均具有一定节能空间，用能系统优化主要措施包括：针对暖通空调系统通过设备运行状态及参数采集，通过能源分析及审计识别 COP、EER 等能效参数异常及可优化空间；通过冰蓄冷和光伏系统接入，联动分析及合理调配用能构成，提高总体用能效率；通过平台软件"NTS-EAM 设备管理"子系统，实现重要耗能机电设备的报修、预防性故障预测及维护保养，提高机电设备安全和用能效率；通过基于平台软件"NTS-EMCS 用能计费"子系统实现对各用能区域的计量考核，提高医护人员管理节能意识和效果。

项目应用能源管理系统软件中专家分析系统，基于空调能耗数据及有关设备运行参数采集、分析，出具月度运行报告，并输出严重影响空调系统用能异常和运行效率的控制策略优化建议，结合 BA 系统进行调控优化，保障空调系统的运行安全和能效最优化。

项目现场运维人员基于能源审计功能，结合节能专家数据分析结果，定期输出能源管理诊断报告，主要内容包括：用能构成及合理性分析、同比环比及趋势变化分析、能源异常分析、暖通空调等主要用能系统最优参数配置分析、管理节能策略实施结果分析、节能空间及达成指标等。

项目通过与 BA 系统、太阳能热水监测系统、冰蓄冷系统的对接，实现了对相关机电设备运行状态和能源走向的实时监控，通过新能源对供能的补充及最优耗能配比策略调控，促进南扩楼节能降耗指标达成。

项目通过平台软件与 BA 对接，对南扩楼的冷水机组、冷冻水循环系统、冷却水循环系统、板式换热器等进行了采集和监控。

项目通过与太阳能热水系监测系统对接，实现对供水压力、循环水温度、循环水温度、出水温度、储罐液位、水泵运行状态等的采集和监测。

项目通过与冰蓄冷系统对接，实现对主机状态、水泵状态、供水温度、循环液温度、补液箱液位、冰量等状态的采集和监测。

项目针对上诉各系统主要耗能机电设备，应用医院后勤运维平台软件设备管理模块，实现对配电、空调、锅炉、电梯、医用气体等重要设备的报修、巡检、保养全流程管理和数据分析，保障医院后勤机电设备的运行安全和节能效果，并显著提升后勤管理效率和水平。

2.14.4 实施效果评价

项目按照示范工程建设标准要求，已建立了四级能源表示模型，如图 2.14-10 所示。多层次展现了医院各级能源消耗情况，并对重点设备、区域的能耗进行监控和统计分析。

项目基于上述能耗模型，实施各类能耗和环境采集设备现场施工，基于 NTS-165E 通信管理机数据转发模块，并结合静态数据手工录入方式，已完成课题大数据平台对接，各项数据指标基本达成课题标准要求，展现内容如图 2.14-11 所示。

项目通过建设能源管理系统实现能耗门户管理、能耗分析、能耗对比、节能专家、负荷预测、报告报表、告警管理等核心功能，持续进行能耗数据监控、分析、节能空间分析及策略制定，并结合现场人员运维服务实施节能策略落地。项目通过管理和技术节能措施实施，同比分析可以看出 2019 年 7～9 月用电量高峰时比去年同期 7～9 月电量降低了 7.13%，共节约用电 900060.5kWh。

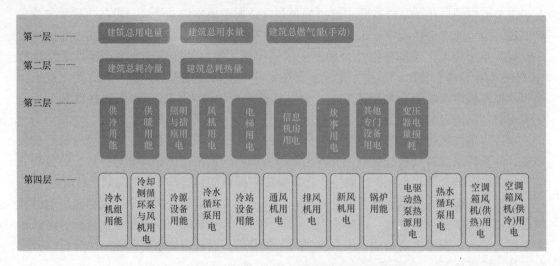

图 2.14-10 南京鼓楼医院南扩楼能源表示模型示意图

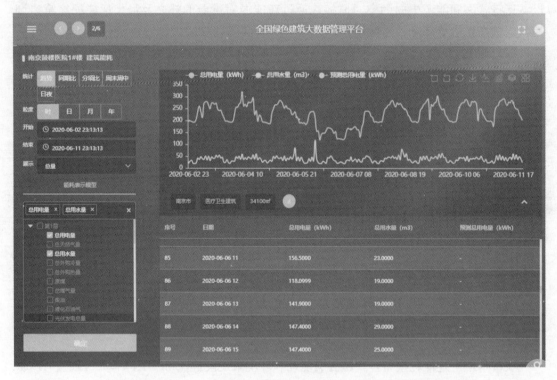

图 2.14-11 南京鼓楼医院南扩楼课题大数据平台展现

2.14.5 可推广的亮点

本项目基于课题能耗采集标准和大数据平台，结合自建"NTS-HLMS 生态后勤智慧运维平台软件"及系统，实现建筑能耗的全面采集、传输、多维统计和展现、预测、用能诊断及节能分析功能，基于自建系统实现系统用能优化和节能措施实施，显著提升建筑用能质量和效率。主要可推广示范内容包括：

1. 数据质量优化及提升

项目采用 NTS-165E 通信管理设备实现各类能耗采集终端数据直接上传课题大数据平台，该设备具备就地级数据异常识别（突变、丢失等情况）和修复、数据本机备份和断点续传功能，保障上传平台数据的质量。

同时，课题大数据平台对通信管理设备上传数据可实现监测点异常识别、数据缺失率和突变率统计，并具有异常钻取功能，可快速定位数据质量缺陷。

课题大数据平台软件通过"监测点情况"功能，能够下钻展示详细设备连接情况，如本项目，异常点位 1 个，下钻后可以快速定位问题设备，便于问题处理。

课题大数据平台"数据质量"功能客观展示各个建筑上传数据质量，且支持点击下钻查看具体上传数据，快速定位异常情况。平台还具备数据的自动修复功能，能够自动对缺失的数据进行后台修复。

项目通过平台软件及通信管理设备两层技术保障措施，有效提升了数据质量，保障平台数据应用的有效率性。

2. 全面的用能评价

大数据平台可实现各项能耗实时和历史数据监测、建筑和机电设备静态数据展现；能耗多维分项多时间颗粒度预测；能耗占比、同比、环比分析；能耗对标标准及 KPI 功能；能效评价和用能诊断等众多用能评价有关功能。

项目同时基于自建能源管理系统能源审计、能源事件、能耗关联因素分析等功能，实现用能精细化分析及异常处理。

3. 能源和机电设备一体化节能优化

项目基于能耗数据诊断分析，使用现场自建"NTS-HLMS 生态后勤智慧运维平台软件"系统实现影响能耗主要机电系统（暖通空调、照明、行业专用设备等）的安全监控、保养维护全生命周期管理、能效参数和控制策略优化，达成节能降耗和提升运行安全目标。生态运维平台软件功能架构（适用于机场、地产、医院）如图 2.14-12 所示。

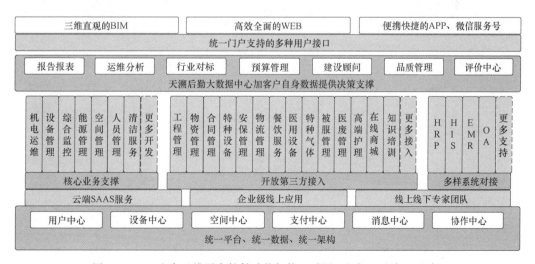

图 2.14-12　生态运维平台软件功能架构（适用于机场、地产、医院）

该平台软件以强弱电一体化监管控平台为基础，能源与机电设备管理两大核心体系为支撑，基于统一的平台、统一的数据和统一的架构，针对本课题项目提供功能包括：能源管理子系统、综合监控子系统、设备管理子系统、用能计费子系统，实现能源及耗能机电设备的一体化监控管理，有效促进用能及设备运行安全和节能效率提升。

综上，该系统具有较好的运行效果，具有推广价值。

精品示范工程实施单位：南京天溯自动化控制系统有限公司

2.15 上海百联东郊购物中心

2.15.1 项目概况

1. 楼宇概况

百联东郊购物中心为本次示范项目中的精品示范楼宇,购物中心位于上海市浦东新区沪南路2420号。购物中心于2012年11月开业,内设大型超市、精品购物、休闲娱乐等多业态设施。建筑形式为单体单栋、建筑类型为商场类建筑,建筑面积50000m²。整个购物中心分地下1层,地上3层。地下一层为大型超市,一层至三层为商业、餐饮、教育机构等,三层屋顶为楼顶停车场。建筑高度为24.9m,建筑结构体系为框架结构。百联东郊购物中心外观图如图2.15-1所示。

图2.15-1 百联东郊购物中心外观图

2. 用能概况

百联东郊购物中心能源消耗种类包括电、天然气和水。其中,电主要用于空调、照明、动力等设备;天然气主要用于直燃型溴化锂机组;水主要用于卫生间和厨房等。

建筑用能系统主要包括变配电系统、空调系统、照明系统、动力系统等。

(1)电能使用情况

购物中心总配电房位于商场一层西面。里面共有2台干式电力变压器,型号为SCB10-2550,额定容量2500kVA,低压侧用电回路70个,所有用电回路都已安装了纳宇PMC720智能远传电表,并且部署能源分项计量系统,实时对现场用电回路进行数据采集监测。购物中心配电房如图2.15-2所示。

(2)空调使用情况

购物中心的空调系统是由2台直燃型溴化锂吸收式冷热水机组、4台冷水泵、3台冷却水泵、4台冷却塔组成。空调主机位于商场四层,空调机组品牌是江苏双良空调公司的直燃型溴化锂吸收式冷热水机组,型号为ZXQ-349H2M2。该机组的制冷量为3490kW,制热量为2791kW。空调机组外观和设备清单如图2.15-3、表2.15-1所示。

图 2.15-2 购物中心配电房

图 2.15-3 空调机组外观

空调机组设备清单 表 2.15-1

设备名称	型号与参数	功率	单位	数量	备注
直燃型溴化锂吸收式冷热水机组	ZXQ-349H2M2	制冷量:3490kW 制热量:2791kW	台	2	屋顶空调机房
冷却水泵	Y_z 315M-4	132kW	台	3	屋顶空调机房
冷水泵	Y_z 280M-4	90kW	台	4	屋顶空调机房

百联东郊购物中心主要采用集中供冷/供暖形式。商场夏季制冷期为6月至10月末（具体视天气而定），其中7月和8月为制冷负荷高峰期，每天运行时间业主方自己控制，一般为10：00至21：00，周六周日将延期至22：00。商场冬季供暖期为11月至来年的2月份（具体视天气而定），其中1月和2月份为采暖负荷高峰期，每天运行时间业主方自己控制，一般为10：00至21：00，周六、周日将延期至22：00。百联东郊购物中心空调运行模式如表2.15-2所示。

百联东郊购物中心空调运行模式表 表 2.15-2

运行模式	开启模式	开启情况	条件
供冷	开启模式-1	1台机组＋1台冷水泵＋1台冷却水泵＋1台冷却塔	一般负荷运行
	开启模式-2	2台机组＋2台冷水泵＋2台冷却水泵＋2台冷却塔	满载负荷运行
供暖	开启模式-1	1台机组＋1台热水循环泵	一般负荷运行
	开启模式-2	2台机组＋2台热水循环泵	满负载运行

（3）用水情况水能源系统

购物中心现有三路供水，一路为生活用水、剩余两路为消防用水。水泵房位于购物中心一层西侧，生活用水通过一根市政用水总管接入，然后进入蓄水箱。最后通过水泵送至商场各楼层。现场已在这三处供水管道上分别安装了流量监测设备，用于计量当前管道的用水情况，并且通过采集器采集流量表相应数据，传到购物中心能耗平台中。购物中心生活水总管和水计量表如图 2.15-4、图 2.15-5 所示。

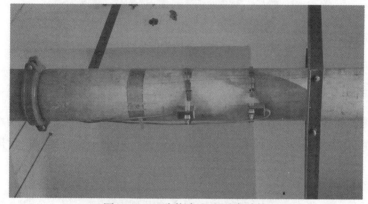

图 2.15-4 购物中心生活水总管

图 2.15-5 购物中心水计量表

215

（4）气能源使用情况

购物中心的燃气站位于商场一层西侧，该燃气只用于空调溴化锂机组使用。燃气管道上已安装智能燃气表具，计量燃气量的使用情况。并且通过数据远传的方式，把用气量数据发送至购物中心能耗平台。百联东郊购物中心燃气总表如图2.15-6所示。

图2.15-6　百联东郊购物中心燃气总表

2.15.2　实施情况

购物中心现已初步建成能源监控系统，但系统仅限于监测建筑电耗、用水量、燃气消耗量等。通过本次的示范项目在原有基础上进行拓展，以进一步对建筑综合能耗进行分析及诊断。

1. 总体方案概述

根据精品工程示范要求，百联东郊购物中心将开展电、水、气、空调、环境、人员流量等多个方面监测。基于现场已安装电能监测、用水监测、用气监测，本次实施不再重复安装。通过已安装的监测系统，从后台读取电表、水表、燃气表等数据，然后发送至课题平台。空调系统冷热量将通过安装热量表来获取监测数据。将通过在购物中心内安装环境传感器，实时获取现场环境监测数据。将通过商业大客流应用平台获取购物中心人员流量实时数据。

2. 加装监测设备清单

本次项目在现场主要加装了空调热量表、环境传感器、数据传输模块等设备。监测设备清单如表2.15-3所示：

加装监测设备表　　　　　　　　　　　　表2.15-3

设备名称	设备型号	设备数量	作用
环境传感器	AQD-WG系列	6	环境监测（温湿度、二氧化碳、PM$_{2.5}$）
热量表	XCT-2000	1	空调冷热量
窄带物联NB-IoT模块	NB-IOT DTU	1	窄带物联网无线数据传输

3. 电能监测

百联东郊购物中心主要能源消耗为电和燃气。其中电能消耗量占建筑总能耗量的比重较大，主要用于商场各区域照明、电梯等主要用能系统。其中购物中心的电能数据已纳入购物中心能源监测平台中。购物中心电表已经通过采集器，传输至能耗监测平台。百联东郊购物中心示范工程电能监测系统如图2.15-7所示。

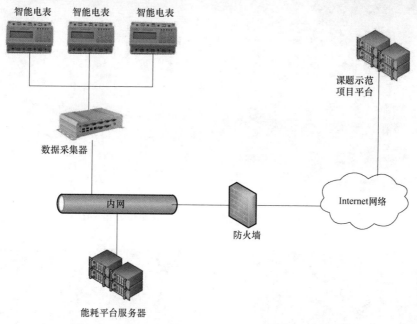

图2.15-7　百联东郊购物中心示范工程电能监测系统图

本项目共计采集70块电表数据。根据实施方案规划，读取能耗监测平台的电表数据，然后把数据发送至绿色建筑大数据管理平台。

4. 冷热量监测

本项目空调管道上安装的热量表都位于屋顶设备层，现场没有数据传输的网络条件，所以本项目采用NB-IoT窄带物联网，通过无线方式发送数据。基于蜂窝的窄带物联网（NB-IoT）成为万物互联网络的一个重要分支。NB-IoT构建于蜂窝网络，只消耗大约180kHz的带宽，可直接部署于GSM网络、UMTS网络或LTE网络，以降低部署成本、实现平滑升级。NB-IoT聚焦于低功耗广覆盖（LPWA）物联网（IoT）市场，是一种可在全球范围内广泛应用的新兴技术。具有覆盖广、连接多、速率低、成本低、功耗低、架构优等特点。NB-IoT使用License频段，可采取带内、保护带或独立载波等三种部署方式，与现有网络共存。百联东郊购物中心总耗冷/热量监测系统如图2.15-8所示。

根据实施方案的规划，在空调机组的分水器总管上安装热量表，监测空调机组的冷量和热量数据。热量表安装位置和表头如图2.15-9、图2.15-10所示。

5. 用水监测

根据现场实际情况，本项目的用水数据从能耗监测平台上获取，然后发送发至大数据平台。

6. 用气监测

根据实施方案规划，本项目通过能耗监测平台获得燃气表数据，然后发送至大数据平台。

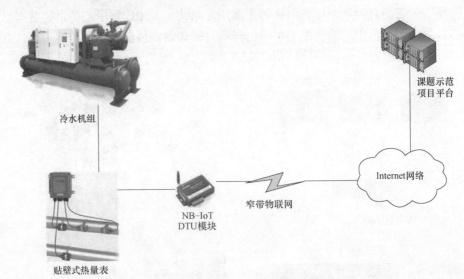

图 2.15-8　百联东郊购物中心总耗冷/热量监测系统图

图 2.15-9　现场热量表安装位置示意图

图 2.15-10　热量表表头

7. 环境监测

本项目中安装的空气质量传感器，使用机器内置的网络芯片通过 GPRS 无线网络把数据发送至示范项目平台上。百联东郊购物中心示范工程环境监测系统如图 2.15-11 所示。

根据实施方案规划，在商场的一层、二层、三层安装环境传感器，用于温度、湿度、二氧化碳、$PM_{2.5}$ 的环境数据监测。环境传感器安装如图 2.15-12 所示。

8. 人员监测

根据方案规划，购物中心客流量人数实时传输至大数据平台。

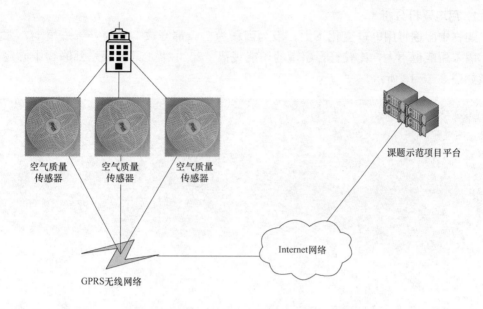

图 2.15-11　百联东郊购物中心示范工程环境监测系统图

图 2.15-12　环境传感器安装示意图

2.15.3　基于监测数据的分析

本节通过平台查询百联东郊购物中心 2020 年 4 月的逐日用能数据，以分析本建筑的用能趋势。

1. 用电逐日分析

购物中心逐日用电量变化不大，因为商场为7天都开放，目前处于疫情期，人流量少，周末用能也不大，比较符合超市的用能规律。2020年4月百联东郊购物中心逐日用电量如图2.15-13所示。

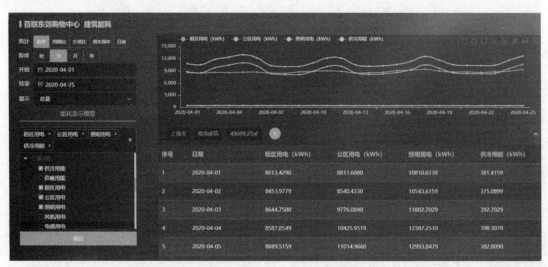

图 2.15-13　2020 年 4 月百联东郊购物中心逐日用电量

2. 用气逐日分析

4月为过渡季，空调开启很少，因此商场天然气用量不大。2020年4月百联东郊购物中心逐日用气量如图2.15-14所示。

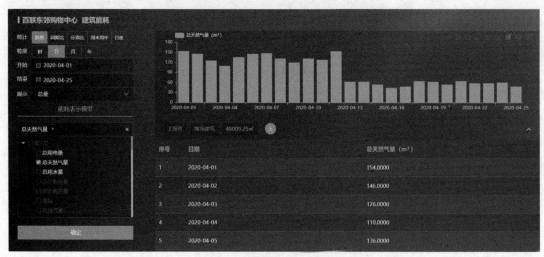

图 2.15-14　2020 年 4 月百联东郊购物中心逐日天然气用量

3. 用水逐日分析

购物中心逐日用水量变化不大，因为商场为7天都开放，目前处于疫情期，人流量少，周末用能也不大，符合实际情况。2020年4月百联东郊购物中心逐日用电水量如图2.15-15所示。

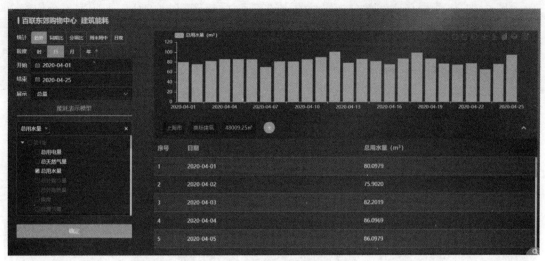

图 2.15-15　2020 年 4 月百联东郊购物中心逐日水用量

2.15.4　基于监测数据的用能预测和诊断

在大数据平台中，根据百联东郊购物中心所采集到的数据进行诊断分析，以找到空调系统、照明系统、动力系统以及特殊系统中相对合理的系统用能诊断指标值，实现了对建筑能耗实时预测及在线用能诊断。

1. 实时运行能耗变化预测

通过结合对历史能耗大数据的数据挖掘和建筑的物理建模，开发了建筑实时能耗预测和建筑理想能耗预测技术。

建筑实时能耗预测指针对建筑历史及其当前的能源系统情况，依据建筑使用情况、室内外环境、建筑历史时序变量等参数，结合建筑的历史能耗数据，对实时能耗做出预测。

通过对建筑物理信息及其能源系统特性进行分析，研究建筑的负荷变化规律。根据不同功能建筑的负荷特点，以及不同的能源系统供能特点，在满足建筑使用需求和人体舒适理论的基础上，判断建筑所需的适当能耗水平，即为建筑的理想能耗。能耗预测曲线如图 2.15-16 所示。

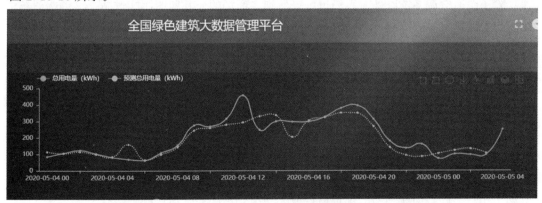

图 2.15-16　能耗预测曲线图

图 2.15-16 中绿色实线部分为实时监测的总用电，绿色虚线部分为大数据平台依据建筑使用情况、室内外环境、建筑历史时序变量等参数，结合建筑的历史能耗数据，对实时能耗做出的预测，可见预测能耗与实际能耗基本吻合，起到了很好的能耗预测作用。

2. 实时用能诊断分析

大数据平台从用能问题和数据出发，研究公共建筑用能诊断指标和诊断方法，建立了一套建筑用能诊断体系，可对建筑的用能问题进行实时诊断。该诊断体系主要包括诊断指标和诊断方法，其中诊断指标体系的确定从具体的用能问题或现象出发，主要采用了基于横向对比的诊断方式，根据不同的指标，确定应重点关注的诊断时间及指标判断门槛值。根据每天收集到的数据，由后台数据模型进行多种诊断分析，其中冷机运行效率诊断如图 2.15-17 所示。

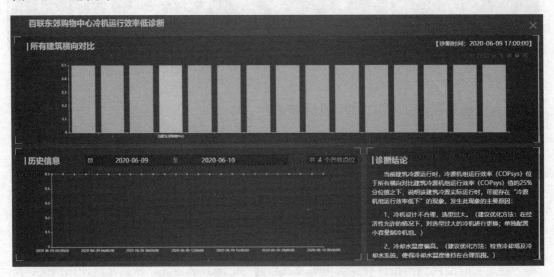

图 2.15-17　冷机运行效率诊断图

从图 2.15-17 可见，商场的空调主机运行效率低，这与实际现场情况较符合，购物中心的空调系统使用年数长，导致整个空调机组运行效率低、耗能高，同时，大数据平台还做了原因分析及优化建议，以便于商场下一步进行整改优化。

除了暖通空调系统以外，我们也可以看到，商场的公共照明用能过高，这提醒商场可以重点关注更换高效节能灯具，以及调整照明开启策略。同时，非运营时间的照明插座存在用能过高的情况，建议商场采用智能照明控制系统或加强管理，做好下班断电的工作。照明插座诊断如图 2.15-18 所示。

大数据平台在环境监测方面也有相应的诊断结论数据。主要现象为室内感觉闷，该情况在今年上半年中共出现 300 多次。其中年初 1 月、2 月占较大比重。结合实际情况分析，1 月、2 月为冬季过年前后，商场已开启供暖，当时客流人数也是较多。3 月开始诊断次数明显下降，这也符合当前疫情期间的实际情况。环境数据诊断如图 2.15-19 所示。

通过以上举例分析可以看出，基于监测数据的诊断分析相对较为客观准确。诊断结论有助于用户掌握当前建筑内的设备运行情况和用能情况，并从诊断问题着手，采取提高设备运行效能、降低能耗为目标的节能改造措施。

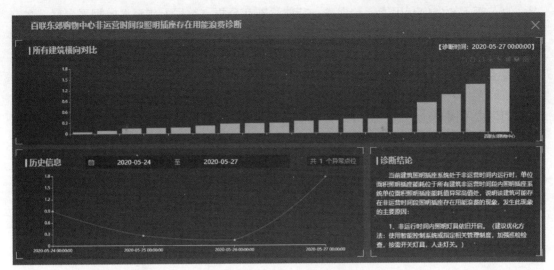

图 2.15-18 照明插座诊断图

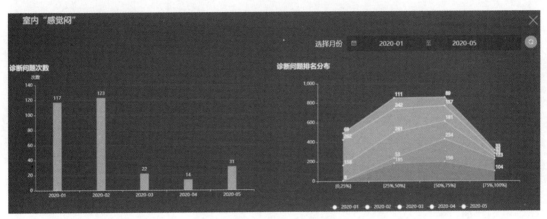

图 2.15-19 环境数据诊断图

3. 用能系统优化运行

根据大数据平台的用能诊断和分析,百联东郊购物中心将重点在空调、照明两方面进行优化。

空调系统优化方面,百联东郊购物中心将优化冷水及冷却水的水温和流量控制,提高冷却水流量、提高冷水温度及流量。

照明系统优化方面,商场将重点关注更换高效节能灯具,以及调整照明开启策略,尤其现在疫情期间人流量很少,可以间隔开启照明灯具。同时,非运营时间的照明插座存在用能过高的情况,商场考虑采用智能照明控制系统或加强管理,做好下班断电的工作。

2.15.5 可推广的亮点

1. 充分利用平台诊断结论,节能工作有抓手

百联东郊购物中心能耗监测系统已建立多年,可通过能耗系统统计各系统和冷水机组、水泵、冷却塔、锅炉等主要设备的用能情况,可以评价各区域的能源管理的效果,但

是一直苦于不知如何利用能耗数据进行节能诊断和分析。数据上传至大数据平台后，在空调、照明、室内空气质量方面，不但找出了问题，还进行了原因分析，并给出了优化建议，这使物业节能工作有了抓手，困扰物业多年的如何利用能耗数据的问题得到了解决。

2. 结合经营特点，节能促产两不误

百联东郊购物中心根据本次项目系统中对于照明类用电的预测和诊断分析，下一步将根据商场内不同功能区域，进行照度调整。商场照明设计是顾客选购商品的过程中，根据顾客的视觉要求以及各种不同商品的特性、每种商品所处的空间，进行科学的设计，以达到让顾客感到舒适的视觉功效。同时，合理的照度、良好的色彩还原度、适宜的亮度分布以及舒适的视觉环境，可以把顾客的注意力吸引到商品上，在创造的舒适的购物环境中，激发顾客购买欲望。

精品示范工程实施单位：上海市建筑科学研究院有限公司

第3部分

绿色建筑大数据管理平台示范工程动态数据采集要求

▶ 3.1 公共建筑动态数据指标

▶ 3.2 公共建筑动态数据采集要求

3.1 公共建筑动态数据指标

公共建筑动态数据包括公共建筑能耗数据、环境参数、人员信息等。

3.1.1 能耗数据指标

能耗数据包括四个层级，如图3.1-1所示。

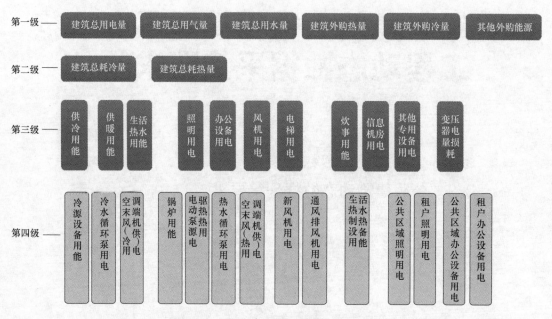

图3.1-1 公共建筑能耗表示模型示意图

第1层级能耗为公共建筑及其机电能源系统在使用过程中消耗的电力、天然气和水，从外部购买的冷热量，以及外购的煤炭、天然气、柴油、液化石油气等其他能源。

第2层级能耗为公共建筑及其机电能源系统在使用过程中消耗的冷量和热量，其中冷量通常以冷水为媒介，热量通常以热水或蒸汽为媒介。

第3层级能耗为公共建筑在使用过程中机电能源系统和设备作为能源终端用户所消耗的电力，不同类型公共建筑第3层级能耗节点有所不同，主要包括供冷用能、供热用能，生活热水用能，以及照明用电、插座用电、风机用电、电梯用电、变压器电量损耗、特定功能设备用电（如信息机房设备）、其他设备用电（如给水排水泵、消防排烟风机、BA系统机房等）和其他设备用能（如厨房餐饮炊事用能等）。

第4层级能耗通常为第3层级能耗节点按机电能源系统和设备形式进一步细分，主要包括暖通空调系统冷站和热站及其主要设备的电耗，末端主要设备电耗，生活热水系统热水制备能耗，输配设备电耗，照明电耗和办公设备电耗按公共区、租户区划分的电耗等。对于除暖通空调系统之外仍然消耗大量冷量和热量的公共建筑，宜在第4层级设置耗冷量和耗热量节点，如信息机房连续冷却耗冷量、冷冻冷藏设备冷凝排热耗冷量、生活热水主要终端用户如客房生活热水耗热、集中洗浴和洗衣消毒耗热量等。

3.1.2 环境参数指标

公共建筑环境参数包括温度、湿度、二氧化碳、$PM_{2.5}$、照度、噪声等。

3.1.3 人员信息指标

办公建筑的常在室人数、饭店建筑的入住率、商场建筑的客流人数和各类公共建筑厨房炊事部分供餐总人数。

3.2 公共建筑动态数据采集要求

根据绿色建筑大数据平台数据采集要求，动态数据采集要求包括：自动采集需采集存储原始数据，采集与传输频率不低于 15min 一次；手动采集最低频率为一月填报一次，人员信息及使用信息数据颗粒度必须要到日；环境参数点位数量参照节点说明；电表必须采集三相电压、三相电流、有功功率、有功电度等参数；冷热量表必须采集进出口温度、瞬时流量、瞬时流速、瞬时冷量、累积流量、累积冷热量等参数。各采集设备推荐精度要求包括：电能表 1 级；电流互感器 0.5 级；水表 2 级；燃气表 1.5 级或 2 级；热表 2 级或3 级；冷表 2 级（最小温差 2℃）。

3.2.1 办公建筑动态数据采集要求

能耗层级	能耗节点	精品示范工程	一般示范工程	节点说明
1	总用电量(kWh)	自动采集	自动采集	建筑总用电量(不包括光伏发电的自用部分)
	总用气量(m³)	自动采集	自动采集或手动采集	建筑总用燃气量
	总用水量(m³)	自动采集	自动采集或手动采集	建筑总用自来水水量
	总外购冷量(GJ)	自动采集	自动采集或手动采集	建筑从外部购买/由外部提供的总冷量
	总外购热量(GJ)	自动采集	自动采集或手动采集	建筑从外部购买/由外部提供的总热量
	原煤(kg)	自动采集或手动采集	自动采集或手动采集	建筑总用煤量
	天然气(m³)	自动采集或手动采集	自动采集或手动采集	建筑总用燃气量
	柴油(kg)	自动采集或手动采集	自动采集或手动采集	建筑总用柴油量
	液化石油气(kg)	自动采集或手动采集	自动采集或手动采集	建筑总用液化石油气量
	光伏发电总量(kW)	自动采集	自动采集	光伏系统总发电量,包括建筑自用部分和发电并网部分
	光伏发电量(建筑自用部分)(kW)	自动采集	自动采集	建筑自用的光伏发电电量
	其他能源	自动采集或手动采集	自动采集或手动采集	建筑总用其他能源量,写明能源名称,如有多个其他能源,逐一采集上传
2	总耗冷量(GJ)	自动采集	自动采集	建筑全年制冷总耗冷量,一般在供冷系统总供冷主管计量;对于外购冷源建筑,如外购冷量仅用于制冷且建筑无其他冷源,则总外购冷量即为总耗冷量

能耗层级	能耗节点	精品示范工程	一般示范工程	节点说明
2	总耗热量(GJ)	自动采集	自动采集	建筑全年供暖总耗热量,市政供暖可在板式换热器二次侧计量;对于外购热源建筑,如外购热量仅用于供暖且建筑无其他热源,则总外购热量即为总耗热量
3	供冷用能(kWh)	电自动采集,其他能源可手动采集	电自动采集,其他能源可手动采集	指为建筑空间提供冷量(包括除湿),以达到适宜的室内温湿度环境而消耗的能量。包括制冷除湿设备、循环水泵、冷源侧辅助设备(如冷却塔、冷却水泵)和末端输送设备(如空调箱、新风机)等的用能
	供暖用能(kWh)	电自动采集,其他能源可手动采集	电自动采集,其他能源可手动采集	指为建筑空间提供热量(包括加湿),以达到适宜的室内温湿度环境而消耗的能量。包括制热设备、循环水泵、热源侧辅助设备(如热网换热水泵)和末端输送设备(如空调箱、新风机)等的用能
	照明用电(kWh)	自动采集(如无法与插座分开可合并采集)	自动采集(如无法与插座分开可合并采集)	指为满足建筑内人员对光环境的需求,建筑照明灯具及其附件(如镇流器等)使用的电量。可依据照明灯具所处位置和功能的不同分为室内照明用电和室外(景观)照明用电
	办公设备用电(kWh)	自动采集(如无法与照明分开可合并采集)	自动采集(如无法与照明分开可合并采集)	指建筑内从插座取电的各类设备(如计算机、打印机、饮水机、电冰箱、电视机等)的用电
	风机用电(kWh)	自动采集		指建筑内机械通风换气和循环用风机使用的电量,包括厕所排风机、车库通风机以及其他不包括空气调节功能的通排风机等设备消耗的电力
	电梯用电(kWh)	自动采集	自动采集	指建筑电梯及其配套设备(包括电梯照明和空调,电梯机房的通风机和空调器等)使用的电量
	信息机房用电(kWh)	自动采集	自动采集	指建筑内集中设置的信息中心、通信基站等机房内的设备和相应的空调系统使用的电量
	炊事用能(kWh)	电自动采集,其他能源可手动采集	电自动采集,其他能源可手动采集	指建筑内炊事及炊事环境通风排烟使用的能量,主要包括三部分:厨房炊事设备加热食物或食材使用燃料消耗量或电量;厨房通风排烟和油烟处理设备等消耗的电量;厨房冷冻冷藏设备所消耗的电量

能耗层级	能耗节点	精品示范工程	一般示范工程	节点说明
3	变压器电量损耗(kWh)	自动采集或手动采集	自动采集或手动采集	指建筑设备配电变压器的空载损耗与负载损耗总和,通过高压侧电表测量用电量减低压侧电表测量用电量得到
	其他专用设备用电(kWh)	自动采集	自动采集	指建筑内各种提供专门功能设备(如给水排水泵、自动门、防火设备等)不属于以上各类用能的专用设备使用的电量
4	冷水机组用能(kWh)	电自动采集,其他能源可手动采集	电自动采集,其他能源可手动采集	指电驱动冷水机组的压缩机用电量,或吸收式冷水机组消耗的燃料或热量(通常为天然气、燃油或蒸汽)
	冷却侧循环泵与风机用电(kWh)	自动采集	自动采集	指辅助冷水机组冷却侧散热设备的用电量,如冷却水循环泵和冷却塔风机用电,地源/水源热泵制冷工况运行时的地源换热器或水源侧循环泵用电,风冷冷水机组的风机用电等。冷水机组不开机、采用冷却塔或地埋管换热器实现"免费冷却"时的冷却侧循环泵及风机电耗也应计入
	冷源设备用能(kWh)	电自动采集,其他能源可手动采集	电自动采集,其他能源可手动采集	指冷水机组用能和冷却侧循环泵与风机用电量之和,或电驱动热泵制冷工况下压缩机、循环泵和冷却侧风机等用电量之和
	冷水循环泵用电(kWh)	自动采集	自动采集	指冷水机组运行过程中冷水侧各种功能循环泵用电量之和,包括一级泵和多级泵系统中的冷水循环泵用电,换热器一次侧、二次侧的冷水循环泵,蓄冷系统中的蓄冷循环泵和释冷循环泵等
	冷站设备用能(kWh)	电自动采集,其他能源可手动采集	电自动采集,其他能源可手动采集	指冷站中冷水机组用能、冷却侧循环泵和风机用电、冷水循环泵用电之和
	空调箱风机(供冷)用电(kWh)	自动采集		指组合式空调机组供冷过程中用于空气循环的各种风机用电量,包括单风机空调系统中的送风机用电量,双风机系统中的送风机和回风机(或排风机)用电量
	锅炉用能(kWh)	电自动采集,其他能源可手动采集	电自动采集,其他能源可手动采集	指锅炉(燃气、燃油、燃煤等)供热所消耗的燃料(通常为天然气、燃油或燃煤),或吸收式冷水机组按供暖工况运行时消耗的燃料或热量(通常为天然气或燃油)

续表

能耗层级	能耗节点	精品示范工程	一般示范工程	节点说明
4	电驱动热泵热源用电(kWh)	自动采集	自动采集	指电驱动热泵机组供热工况下压缩机用电量,以及热源侧取热循环泵和风机用电量之和,如地源/水源热泵制热工况运行时的地源换热器或水源侧循环泵用电,风冷热泵/空气源热泵机组的风机用电等(包括除霜用电量),热源塔循环泵与风机电耗(包括溶液再生用电)等
	热水循环泵用电(kWh)	自动采集	自动采集	指供热时建筑内各种热水循环泵用电量之和,包括一级泵和多级泵系统中热水循环泵用电,换热器一次侧、二次侧的热水循环泵,蓄热系统中的蓄热循环泵和放热循环泵等
	空调箱风机(供热)用电(kWh)	自动采集		指组合式空调机组供热过程中用于空气循环的各种风机用电量,包括单风机空调系统中的送风机用电量,双风机系统中的送风机和回风机(或排风机)用电量
	新风机用电(kWh)	自动采集		指新风机组从室外抽取新鲜的空气经过除尘、除湿(或加湿)、降温(或升温)等处理后送到室内过程中风机的用电
	带热回收新风机组用电及回收冷热量(kWh)	自动采集		指带有热回收装置的新风机组新风侧回收得到的热量或冷量,以及新风机和排风机的用电。其中,回收得到的热量或冷量宜通过带热回收新风机组自控系统测量新风进出热回收装置的焓值以及风量获得
	通风机用电(kWh)	自动采集		指建筑物中各种通风(设备机房通风、后勤通道通风等)用的送风机的用电
	排风机用电(kWh)	自动采集		指建筑物中各种通风(车库排风、厕所排风、消防排风等)用的排风机的用电
	公共区域照明用电(kWh)	自动采集(如无法与插座分开可合并采集)		指公共建筑中公共区域和提供公共服务的照明设备,以及从插座取电的各种设备用电,包括公共区域照明用电、室外景观照明及 LED 显示屏用电、后勤区域及设备机房照明用电等
	公共区域办公设备用电(kWh)	自动采集(如无法与照明分开可合并采集)		指公共建筑中公共区域和提供公共服务的照明设备,以及从插座取电的各种设备用电,包括公共区域照明用电、室外景观照明及 LED 显示屏用电、后勤区域及设备机房照明用电等

续表

能耗层级	能耗节点	精品示范工程	一般示范工程	节点说明
4	租户照明用电(kWh)	自动采集(如无法与插座分开可合并采集)		指公共建筑中位于租户区域、由租户使用并承担电费的照明用电,以及从插座取电的各种设备用电
	租户办公设备用电(kWh)	自动采集(如无法与照明分开可合并采集)		指公共建筑中位于租户区域、由租户使用并承担电费的照明用电,以及从插座取电的各种设备用电
	信息机房IT负载总用电量(kWh)	自动采集	自动采集	指信息机房中服务器等信息设备的用电量
环境参数	温度	自动采集	自动采集	建议测点安装于公共区域人员活动区域距离地面1.5m高度处。对于精品示范项目:(1)建筑面积小于2万m²的公共建筑,采样点不少于4个;(2)建筑面积在2万m²到10万m²的公共建筑,不小于每8000m²布置一个采样点,且采样点总数不少于4个;(3)建筑面积大于10万m²的公共建筑,不小于每1.2万m²布置一个采样点,且采样点总数不少于12个;(4)建筑面积大于20万m²的公共建筑,采样点不少于16个。对于一般示范项目:选取公共区域和租区共安装不少于3个点位
	湿度	自动采集	自动采集	建议测点安装于公共区域人员活动区域距离地面1.5m高度处。对于精品示范项目:(1)建筑面积小于2万m²的公共建筑,采样点不少于4个;(2)建筑面积在2万m²到10万m²的公共建筑,不小于每8000m²布置一个采样点,且采样点总数不少于4个;(3)建筑面积大于10万m²的公共建筑,不小丁每1.2万m²布置一个采样点,且采样点总数不少于12个;(4)建筑面积大于20万m²的公共建筑,采样点不少于16个。对于一般示范项目:选取公共区域和租区共安装不少于3个点位

能耗层级	能耗节点	精品示范工程	一般示范工程	节点说明
环境参数	二氧化碳	自动采集	自动采集	建议测点安装于公共区域人员活动区域距离地面 1.5m 高度处。 对于精品示范项目: (1)建筑面积小于 2 万 m^2 的公共建筑,采样点不少于 4 个; (2)建筑面积在 2 万 m^2 到 10 万 m^2 的公共建筑,不小于每 8000m^2 布置一个采样点,且采样点总数不少于 4 个; (3)建筑面积大于 10 万 m^2 的公共建筑,不小于每 1.2 万 m^2 布置一个采样点,且采样点总数不少于 12 个; (4)建筑面积大于 20 万 m^2 的公共建筑,采样点不少于 16 个。 对于一般示范项目:选取公共区域和租区共安装不少于 3 个点位
	PM$_{2.5}$	自动采集	自动采集	建议测点安装于公共区域人员活动区域距离地面 1.5m 高度处。 对于精品示范项目: (1)建筑面积小于 2 万 m^2 的公共建筑,采样点不少于 4 个; (2)建筑面积在 2 万 m^2 到 10 万 m^2 的公共建筑,不小于每 8000m^2 布置一个采样点,且采样点总数不少于 4 个; (3)建筑面积大于 10 万 m^2 的公共建筑,不小于每 1.2 万 m^2 布置一个采样点,且采样点总数不少于 12 个; (4)建筑面积大于 20 万 m^2 的公共建筑,采样点不少于 16 个。 对于一般示范项目:选取公共区域和租区共安装不少于 3 个点位
	照度			
	噪声			
人员信息	常在室人数(人)	自动采集	自动采集或手动采集	
	厨房炊事部分供餐总人数(人)	自动采集或手动采集	自动采集或手动采集	
使用信息	出租率/办公共区域域使用率(%)	自动采集或手动采集	自动采集或手动采集	

3.2.2 饭店建筑动态数据采集要求

能耗层级	能耗节点	精品示范工程	一般示范工程	节点说明
1	总用电量(kWh)	自动采集	自动采集	建筑总用电量(不包括光伏发电的自用部分)
	总用气量(m³)	自动采集	自动采集或手动采集	建筑总用燃气量
	总用水量(m³)	自动采集	自动采集或手动采集	建筑总用自来水水量
	总外购冷量(GJ)	自动采集	自动采集或手动采集	建筑从外部购买/由外部提供的总冷量
	总外购热量(GJ)	自动采集	自动采集或手动采集	建筑从外部购买/由外部提供的总热量
	原煤(kg)	自动采集或手动采集	自动采集或手动采集	建筑总用煤量
	煤气(m³)	自动采集或手动采集	自动采集或手动采集	建筑总用燃气量
	柴油(kg)	自动采集或手动采集	自动采集或手动采集	建筑总用柴油量
	液化石油气(kg)	自动采集或手动采集	自动采集或手动采集	建筑总用液化石油气量
	光伏发电总量(kWh)	自动采集	自动采集	光伏系统总发电量,包括建筑自用部分和发电并网部分
	光伏发电量(建筑自用部分)(kWh)	自动采集	自动采集	建筑自用的光伏发电电量
	其他能源	自动采集或手动采集	自动采集或手动采集	建筑总用其他能源量,写明能源名称,如有多个其他能源,逐一采集上传
2	总耗冷量(GJ)	自动采集	自动采集	建筑全年总耗冷量,一般在供冷系统总供冷主管计量;对于外购冷源建筑,如外购冷量仅用于制冷且建筑无其他冷源,则总外购冷量即为总耗冷量
	总耗热量(GJ)	自动采集	自动采集	建筑全年总耗热量,市政供暖可在板式换热器二次侧计量;对于外购热源建筑,如外购热量仅用于供暖且建筑无其他热源,则总外购热量即为总耗热量
3	供冷用能(kWh)	电自动采集,其他能源可手动采集	电自动采集,其他能源可手动采集	指为建筑空间提供冷量(包括除湿),以达到适宜的室内温湿度环境而消耗的能量。包括制冷除湿设备、循环水泵、冷源侧辅助设备(如冷却塔、冷却水泵)和末端输送设备(如空调箱、新风机)等的用能

能耗层级	能耗节点	精品示范工程	一般示范工程	节点说明
3	供暖用能(kWh)	电自动采集,其他能源可手动采集	电自动采集,其他能源可手动采集	指为建筑空间提供热量(包括加湿),以达到适宜的室内温湿度环境而消耗的能量。包括制热设备、循环水泵、热源侧辅助设备(如热网换热水泵)和末端输送设备(如空调箱、新风机)等的用能
	生活热水用能(kWh)	电自动采集,其他能源可手动采集	电自动采集,其他能源可手动采集	指为满足建筑内客人、后勤工作人员洗浴、盥洗等各类生活热水需求而消耗的能量,也包括洗衣、泳池等满足特定功能热水加热所消耗的能量,并包括输配生活热水所消耗的循环泵用能,不包括与生活冷水共用的加压泵的用能
	非采暖蒸汽用能(kWh)	电自动采集,其他能源可手动采集	电自动采集,其他能源可手动采集	指为满足建筑内洗衣、消毒、餐饮等蒸汽需求而消耗的能量,通常为燃料实物量或热量
	照明用电(kWh)	自动采集(如无法与插座分开可合并采集)	自动采集(如无法与插座分开可合并采集)	指为满足建筑内人员对光环境的需求,建筑照明灯具及其附件(如镇流器等)使用的能量。可依据照明灯具所处地理位置和功能的不同分为室内照明用电和室外照明用电。室内照明用电又可分为公共区域照明、后勤区照明、机房照明等
	客房用电(kWh)	自动采集		指饭店建筑客房内照明、各种电器设备使用的电量
	风机用电(kWh)	自动采集		指建筑内机械通风换气和循环用风机使用的电量,包括厕所排风机、车库通风机以及其他不包括空气调节功能的通排风机等设备消耗的电量
	电梯用电(kWh)	自动采集	自动采集	指建筑电梯及其配套设备(包括电梯照明和空调、电梯机房的通风机和空调器等)使用的电量
	餐饮用能(kWh)	电自动采集,其他能源可手动采集	电自动采集,其他能源可手动采集	指饭店建筑内各种餐饮炊事及炊事环境通风排烟使用的能量,主要包括三部分:厨房炊事设备加热食物或食材使用燃料消耗量或电量;厨房通风排烟和油烟处理设备等消耗的电量;厨房冷冻冷藏设备所消耗的电量
	变压器电量损耗(kWh)	自动采集或手动采集	自动采集或手动采集	指建筑设备配电变压器的空载损耗与负载损耗总和,通过高压侧电表测量用电量减低压侧电表测量用电量得到

续表

能耗层级	能耗节点	精品示范工程	一般示范工程	节点说明
3	其他专用设备 用电(kWh)	自动采集	自动采集	指建筑内各种提供专门功能设备(如给水排水泵、自动门、防火设备等)不属于以上各类用能的专用设备使用的电量
4	冷水机组用能(kWh)	电自动采集,其他能源可手动采集	电自动采集,其他能源可手动采集	指电驱动冷水机组的压缩机用电量,或吸收式冷水机组消耗的燃料或热量(通常为天然气、燃油或蒸汽)
	冷却侧循环泵与风机用电(kWh)	自动采集	自动采集	指辅助冷水机组冷却侧散热设备的用电量,如冷却水循环泵和冷却塔风机用电,地源/水源热泵制冷工况运行时的地源换热器或水源侧循环泵用电,风冷冷水机组的风机用电等。冷水机组不开机、采用冷却塔或地埋管换热器实现"免费冷却"时的冷却侧循环泵及风机电耗也应计入
	冷源设备用能(kWh)	电自动采集,其他能源可手动采集	电自动采集,其他能源可手动采集	指冷水机组用能和冷却侧循环泵与风机用电量之和,或电驱动热泵制冷工况下压缩机、循环泵和冷却侧风机等用电量之和
	冷冻水循环泵用电(kWh)	自动采集	自动采集	指冷水机组运行过程中冷水侧各种功能循环泵用电量之和,包括一级泵和多级泵系统中的冷水循环泵用电,换热器一次侧、二次侧的冷水循环泵,蓄冷系统中的蓄冷循环泵和释冷循环泵等
	冷站设备用能(kWh)	电自动采集,其他能源可手动采集	电自动采集,其他能源可手动采集	指冷站中冷水机组用能、冷却侧循环泵和风机用电、冷水循环泵用电之和
	空调箱风机(供冷)用电(kWh)	自动采集	自动采集	指组合式空调机组供冷过程中用于空气循环的各种风机用电量,包括单风机空调系统中的送风机用电量,双风机系统中的送风机和回风机(或排风机)用电量
	锅炉用能(kWh)	电自动采集,其他能源可手动采集	电自动采集,其他能源可手动采集	指锅炉(燃气、燃油、燃煤等)供热所消耗的燃料(通常为天然气、燃油或燃煤),或吸收式冷水机组按供暖工况运行时消耗的燃料或热量(通常为天然气或燃油)

续表

能耗层级	能耗节点	精品示范工程	一般示范工程	节点说明
4	电驱动热泵热源用电(kWh)	自动采集	自动采集	指电驱动热泵机组供热工况下压缩机用电量,以及热源侧取热循环泵和风机用电量之和,如地源/水源热泵制热工况运行时的地源换热器或水源侧循环泵用电,风冷热泵/空气源热泵机组的风机用电等(包括除霜用电量),热源塔循环泵与风机电耗(包括溶液再生用电)等
	热水循环泵用电(kWh)	自动采集	自动采集	指供热时建筑内各种热水循环泵用电量之和,包括一级泵和多级泵系统中热水循环泵用电,换热器一次侧、二次侧的热水循环泵,蓄热系统中的蓄热循环泵和放热循环泵等
	空调箱风机(供热)用电(kWh)	自动采集		指组合式空调机组供热过程中用于空气循环的各种风机用电量,包括单风机空调系统中的送风机用电量,双风机系统中的送风机和回风机(或排风机)用电量
	新风机用电(kWh)	自动采集		指新风机组从室外抽取新鲜的空气经过除尘、除湿(或加湿)、降温(或升温)等处理后送到室内过程中风机的用电
	带热回收新风机组用电及回收冷热量(kWh)	自动采集		指带有热回收装置的新风机组新风侧回收得到的热量或冷量,以及新风机和排风机的用电。其中,回收得到的热量或冷量宜通过带热回收新风机组自控系统测量新风进出热回收装置的焓值以及风量获得
	客房照明用电(kWh)	自动采集(如无法单独拆分可合并客房插座用电为客房用电)		指饭店建筑中客房的照明用电
	公区照明用电(kWh)	自动采集(如无法单独拆分可三项合并为室内照明插座用电采集)	自动采集(如无法单独拆分可三项合并为室内照明插座用电采集)	指饭店建筑中公共区域和提供公共服务的照明设备以及从插座取电的各种设备用电等
	后勤区照明用电(kWh)			指饭店建筑中后勤区域的照明用电
	机房照明用电(kWh)			指饭店建筑中机房的照明用电
	室外照明用电(kWh)	自动采集	自动采集	指饭店建筑中室外景观照明及LED显示屏用电
	生活热水制热设备用能(kWh)	电自动采集,其他能源可手动采集	电自动采集,其他能源可手动采集	指制备生活热水热源设备的用能,为锅炉所消耗的燃料,或热泵机组消耗的电力

续表

能耗层级	能耗节点	精品示范工程	一般示范工程	节点说明
4	生活热水循环水泵用电(kWh)	电自动采集,其他能源可手动采集	电自动采集,其他能源可手动采集	指用于生活热水在系统中循环、保障热水连续供应时水泵的用电量
	客房生活热水用能(kWh)	电自动采集,其他能源可手动采集		指饭店建筑中客房生活热水终端用户的用热量
	后勤生活热水用能(kWh)	电自动采集,其他能源可手动采集		指饭店建筑中后勤生活热水终端用户的用热量
	洗衣生活热水用能(kWh)	电自动采集,其他能源可手动采集		指饭店建筑中洗衣生活热水终端用户的用热量
	康体生活热水用能(kWh)	电自动采集,其他能源可手动采集		指饭店建筑中康体生活热水终端用户的用热量
	厨房生活热水用能(kWh)	电自动采集,其他能源可手动采集		指饭店建筑中厨房生活热水终端用户的用热量
	洗衣蒸汽用能(kWh)	电自动采集,其他能源可手动采集		指饭店建筑中洗衣蒸汽用量
	厨房蒸汽用能(kWh)	电自动采集,其他能源可手动采集		指饭店建筑中厨房蒸汽用量
	通风机用电(kWh)	自动采集		指建筑物中各种通风(设备机房通风、后勤通道通风等)用的送风机的风机用电
	排风机用电(kWh)	自动采集		指建筑物中各种通风(车库排风、厕所排风、消防排风等)用的排风机的风机用电
环境参数	温度	自动采集	自动采集	建议测点安装于公共区域人员活动区域距离地面1.5m高度处。 对于精品示范项目: (1)建筑面积小于2万 m² 的公共建筑,采样点不少于4个; (2)建筑面积在2万 m² 到10万 m² 的公共建筑,不小于每 8000m² 布置一个采样点,且采样点总数不少于4个; (3)建筑面积大于10万 m² 的公共建筑,不小于每 1.2万 m² 布置一个采样点,且采样点总数不少于12个; (4)建筑面积大于20万 m² 的公共建筑,采样点不少于16个。 对于一般示范项目:选取公共区域和租区共安装不少于3个点位

能耗层级	能耗节点	精品示范工程	一般示范工程	节点说明
环境参数	湿度	自动采集	自动采集	建议测点安装于公共区域人员活动区域距离地面 1.5m 高度处。 对于精品示范项目： (1)建筑面积小于 2 万 m^2 的公共建筑，采样点不少于 4 个； (2)建筑面积在 2 万 m^2 到 10 万 m^2 的公共建筑，不小于每 8000m^2 布置一个采样点，且采样点总数不少于 4 个； (3)建筑面积大于 10 万 m^2 的公共建筑，不小于每 1.2 万 m^2 布置一个采样点，且采样点总数不少于 12 个； (4)建筑面积大于 20 万 m^2 的公共建筑，采样点不少于 16 个。 对于一般示范项目：选取公共区域和租区共安装不少于 3 个点位
	二氧化碳	自动采集	自动采集	建议测点安装于公共区域人员活动区域距离地面 1.5m 高度处。 对于精品示范项目： (1)建筑面积小于 2 万 m^2 的公共建筑，采样点不少于 4 个； (2)建筑面积在 2 万 m^2 到 10 万 m^2 的公共建筑，不小于每 8000m^2 布置一个采样点，且采样点总数不少于 4 个； (3)建筑面积大于 10 万 m^2 的公共建筑，不小于每 1.2 万 m^2 布置一个采样点，且采样点总数不少于 12 个； (4)建筑面积大于 20 万 m^2 的公共建筑，采样点不少于 16 个。 对于一般示范项目：选取公共区域和租区共安装不少于 3 个点位
	PM$_{2.5}$	自动采集	自动采集	建议测点安装于公共区域人员活动区域距离地面 1.5m 高度处。 对于精品示范项目： (1)建筑面积小于 2 万 m^2 的公共建筑，采样点不少于 4 个； (2)建筑面积在 2 万 m^2 到 10 万 m^2 的公共建筑，不小于每 8000m^2 布置一个采样点，且采样点总数不少于 4 个； (3)建筑面积大于 10 万 m^2 的公共建筑，不小于每 1.2 万 m^2 布置一个采样点，且采样点总数不少于 12 个； (4)建筑面积大于 20 万 m^2 的公共建筑，采样点不少于 16 个。 对于一般示范项目：选取公共区域和租区共安装不少于 3 个点位

续表

能耗层级	能耗节点	精品示范工程	一般示范工程	节点说明
环境参数	照度			
	噪声			
人员信息	入住率(%)	自动采集	自动采集或手动采集	
	厨房炊事部分供餐总人数(人)	自动采集或手动采集	自动采集或手动采集	

3.2.3 商场建筑动态数据采集要求

能耗层级	能耗节点	精品示范工程	一般示范工程	节点说明
1	总用电量(kWh)	自动采集	自动采集	建筑总用电量(不包括光伏发电的自用部分)
	总用气量(m^3)	自动采集	自动采集或手动采集	建筑总用燃气量
	总用水量(m^3)	自动采集	自动采集或手动采集	建筑总用自来水水量
	总外购冷量(GJ)	自动采集	自动采集或手动采集	建筑从外部购买/由外部提供的总冷量
	总外购热量(GJ)	自动采集	自动采集或手动采集	建筑从外部购买/由外部提供的总热量
	原煤(kg)	自动采集或手动采集	自动采集或手动采集	建筑总用煤量
	天然气(m^3)	自动采集或手动采集	自动采集或手动采集	建筑总用燃气量
	柴油(kg)	自动采集或手动采集	自动采集或手动采集	建筑总用柴油量
	液化石油气(kg)	自动采集或手动采集	自动采集或手动采集	建筑总用液化石油气量
	光伏发电总量(kWh)	自动采集	自动采集	光伏系统总发电量,包括建筑自用部分和发电并网部分
	光伏发电量(建筑自用部分)(kWh)	自动采集	自动采集	建筑自用的光伏发电电量
	其他能源	自动采集或手动采集	自动采集或手动采集	建筑总用其他能源量,写明能源名称,如有多个其他能源,逐一采集上传
2	总耗冷量(GJ)	自动采集	自动采集	建筑全年总耗冷量,一般在供冷系统总供冷主管计量;对于外购冷源建筑,如外购冷量仅用于制冷且建筑无其他冷源,则总外购冷量即为总耗冷量
	总耗热量(GJ)	自动采集	自动采集	建筑全年总耗热量,市政供暖可在板式换热器二次侧计量;对于外购热源建筑,如外购热量仅用于供暖且建筑无其他热源,则总外购热量即为总耗热量

续表

能耗层级	能耗节点	精品示范工程	一般示范工程	节点说明
3	供冷用能(kWh)	电自动采集,其他能源可手动采集	电自动采集,其他能源可手动采集	指为建筑空间提供冷量(包括除湿),以达到适宜的室内温湿度环境而消耗的能量。包括制冷除湿设备、循环水泵、冷源侧辅助设备(如冷却塔、冷却水泵)和末端输送设备(如空调箱、新风机)等的用能
	供暖用能(kWh)	电自动采集,其他能源可手动采集	电自动采集,其他能源可手动采集	指为建筑空间提供热量(包括加湿),以达到适宜的室内温湿度环境而消耗的能量。包括制热设备、循环水泵、热源侧辅助设备(如热网换热水泵)和末端输送设备(如空调箱、新风机)等的用能
	租区用电(kWh)	自动采集	自动采集	指商场建筑内由租户使用、单独计量并承担费用的用电量
	公共区域用电(kWh)	自动采集	自动采集	指商场建筑内除租户用能之外的公共部分用电,等于建筑总用电减去租区用电
	照明用电(kWh)	自动采集(如无法与插座分开可合并采集)	自动采集(如无法与插座分开可合并采集)	指为满足建筑内人员对光环境的需求,建筑照明灯具及其附件(如镇流器等)使用的电量。可依据照明灯具所处位置和功能的不同分为室内照明用电和室外(景观)照明用电
	风机用电(kWh)	自动采集		指建筑内机械通风换气和循环用风机使用的电量,包括厕所排风机、车库通风机以及其他不包括空气调节功能的通排风机等设备消耗的电量
	电梯用电(kWh)	自动采集	自动采集	指建筑电梯及其配套设备(包括电梯照明和空调、电梯机房的通风机和空调器等)使用的电量
	变压器电量损耗(kWh)	自动采集或手动采集	自动采集或手动采集	指建筑设备配电变压器的空载损耗与负载损耗总和,通过高压侧电表测量用电量减低压侧电表测量用电量得到
	其他专用设备用电(kWh)	自动采集	自动采集	指建筑内各种提供专门功能设备(如给水排水泵、自动门、防火设备等)等不属于以上各类用能的专用设备使用的电量
4	冷水机组用能(kWh)	电自动采集,其他能源可手动采集	电自动采集,其他能源可手动采集	指电驱动冷水机组的压缩机用电量,或吸收式冷水机组消耗的燃料或热量(通常为天然气、燃油或蒸汽)

续表

能耗层级	能耗节点	精品示范工程	一般示范工程	节点说明
4	冷却侧循环泵与风机用电(kWh)	自动采集	自动采集	指辅助冷水机组冷却侧散热设备的用电量,如冷却水循环泵和冷却塔风机用电,地源/水源热泵制冷工况运行时的地源换热器或水源侧循环泵用电,风冷冷水机组的风机用电等。冷水机组不开机、采用冷却塔或地埋管换热器实现"免费冷却"时的冷却侧循环泵及风机电耗也应计入
	冷源设备用能(kWh)	电自动采集,其他能源可手动采集	电自动采集,其他能源可手动采集	指冷水机组用能和冷却侧循环泵与风机用电量之和,或电驱动热泵制冷工况下压缩机、循环泵和冷却侧风机等用电量之和
	冷冻水循环泵用电(kWh)	自动采集	自动采集	指冷水机组运行过程中冷水侧各种功能循环泵用电量之和,包括一级泵和多级泵系统中的冷水循环泵用电,换热器一次侧、二次侧的冷冻水循环泵,蓄冷系统中的蓄冷循环泵和释冷循环泵等
	冷站设备用能(kWh)	电自动采集,其他能源可手动采集	电自动采集,其他能源可手动采集	指冷站中冷水机组用能、冷却侧循环泵和风机用电、冷水循环泵用电之和
	空调箱风机(供冷)用电(kWh)	自动采集		指组合式空调机组供冷过程中用于空气循环的各种风机用电量,包括单风机空调系统中的送风机用电量,双风机系统中的送风机和回风机(或排风机)用电量
	锅炉用能(kWh)	电自动采集,其他能源可手动采集	电自动采集,其他能源可手动采集	指锅炉(燃气、燃油、燃煤等)供热所消耗的燃料(通常为天然气、燃油或燃煤),或吸收式冷水机组按供暖工况运行时消耗的燃料或热量(通常为天然气或燃油)
	电驱动热泵热源用电(kWh)	自动采集	自动采集	指电驱动热泵机组供热工况下压缩机用电量,以及热源侧取热循环泵和风机用电量之和,如地源/水源热泵制热工况运行时的地源换热器或水源侧循环泵用电,风冷热泵/空气源热泵机组的风机用电等(包括除霜用电量),热源塔循环泵与风机电耗(包括溶液再生用电)等
	热水循环泵用电(kWh)	自动采集	自动采集	指供热时建筑内各种热水循环泵用电量之和,包括一级泵和多级泵系统中热水循环泵用电,换热器一次侧、二次侧的热水循环泵,蓄热系统中的蓄热循环泵和放热循环泵等

能耗层级	能耗节点	精品示范工程	一般示范工程	节点说明
4	空调箱风机(供热)用电(kWh)	自动采集		指组合式空调机组供热过程中用于空气循环的各种风机用电量,包括单风机空调系统中的送风机用电量,双风机系统中的送风机和回风机(或排风机)用电量
	新风机用电(kWh)	自动采集		指新风机组从室外抽取新鲜的空气经过除尘、除湿(或加湿)、降温(或升温)等处理后送到室内过程中风机的用电
	带热回收新风机组用电及回收冷热量(kWh)	自动采集		指带有热回收装置的新风机组新风侧回收得到的热量或冷量,以及新风机和排风机的用电。其中,回收得到的热量或冷量宜通过带热回收新风机组自控系统测量新风进出热回收装置的焓值以及风量获得
	通风机用电(kWh)	自动采集		指建筑物中各种通风(设备机房通风、后勤通道通风等)用的送风机的用电
	排风机用电(kWh)	自动采集		指建筑物中各种通风(车库排风、厕所排风、消防排风等)用的排风机的用电
	公共区域照明用电(kWh)	自动采集(如无法与插座分开可合并采集)	自动采集(如无法与插座分开可合并采集)	指公共建筑中公共区域和提供公共服务的照明设备,以及从插座取电的各种设备用电,包括公共区域照明用电、后勤区域及设备机房照明用电等
	室外景观及LED照明用电(kWh)	自动采集	自动采集	指公共建筑中室外景观照明及LED显示屏用电等
	租户照明用电(kWh)	自动采集(如无法与插座分开可合并采集)	自动采集(如无法与插座分开可合并采集)	租区照明插座可合并自动采集,指公共建筑中位于租户区域、由租户使用并承担电费的照明用电,以及从插座取电的各种设备用电
	租户插座用电(kWh)	自动采集(如无法与照明分开可合并采集)	自动采集(如无法与照明分开可合并采集)	租区照明插座可合并自动采集,指公共建筑中位于租户区域、由租户使用并承担电费的照明用电,以及从插座取电的各种设备用电

能耗层级	能耗节点	精品示范工程	一般示范工程	节点说明
环境参数	温度	自动采集	自动采集	建议测点安装于公共区域人员活动区域距离地面1.5m高度处。 对于精品示范项目: (1)建筑面积小于2万 m² 的公共建筑,采样点不少于4个; (2)建筑面积在2万 m² 到10万 m² 的公共建筑,不小于每8000m² 布置一个采样点,且采样点总数不少于4个; (3)建筑面积大于10万 m² 的公共建筑,不小于每1.2万 m² 布置一个采样点,且采样点总数不少于12个; (4)建筑面积大于20万 m² 的公共建筑,采样点不少于16个。 对于一般示范项目:选取公共区域和租区共安装不少于3个点位
	湿度	自动采集	自动采集	建议测点安装于公共区域人员活动区域距离地面1.5m高度处。 对于精品示范项目: (1)建筑面积小于2万 m² 的公共建筑,采样点不少于4个; (2)建筑面积在2万 m² 到10万 m² 的公共建筑,不小于每8000m² 布置一个采样点,且采样点总数不少于4个; (3)建筑面积大于10万 m² 的公共建筑,不小于每1.2万 m² 布置一个采样点,且采样点总数不少于12个; (4)建筑面积大于20万 m² 的公共建筑,采样点不少于16个。 对于一般示范项目:选取公共区域和租区共安装不少于3个点位
	二氧化碳	自动采集	自动采集	建议测点安装于公共区域人员活动区域距离地面1.5m高度处。 对于精品示范项目: (1)建筑面积小于2万 m² 的公共建筑,采样点不少于4个; (2)建筑面积在2万 m² 到10万 m² 的公共建筑,不小于每8000m² 布置一个采样点,且采样点总数不少于4个; (3)建筑面积大于10万 m² 的公共建筑,不小于每1.2万 m² 布置一个采样点,且采样点总数不少于12个; (4)建筑面积大于20万 m² 的公共建筑,采样点不少于16个。 对于一般示范项目:选取公共区域和租区共安装不少于3个点位

能耗层级	能耗节点	精品示范工程	一般示范工程	节点说明
环境参数	PM$_{2.5}$	自动采集	自动采集	建议测点安装于公共区域人员活动区域距离地面 1.5m 高度处。 对于精品示范项目： (1)建筑面积小于 2 万 m^2 的公共建筑,采样点不少于 4 个; (2)建筑面积在 2 万 m^2 到 10 万 m^2 的公共建筑,不小于每 8000m^2 布置一个采样点,且采样点总数不少于 4 个; (3)建筑面积大于 10 万 m^2 的公共建筑,不小于每 1.2 万 m^2 布置一个采样点,且采样点总数不少于 12 个; (4)建筑面积大于 20 万 m^2 的公共建筑,采样点不少于 16 个。 对于一般示范项目:选取公共区域和租区共安装不少于 3 个点位
	照度			
	噪声			
人员信息	客流量人数(人)	自动采集	自动采集或手动采集	
使用信息	出租率(%)	自动采集或手动采集	自动采集或手动采集	

3.2.4 其他类型公共建筑动态数据采集要求

能耗层级	能耗节点	精品示范工程	一般示范工程	节点说明
1	总用电量(kWh)	自动采集	自动采集	建筑总用电量(不包括光伏发电的自用部分)
	总用气量(m^3)	自动采集	自动采集或手动采集	建筑总用燃气量
	总用水量(m^3)	自动采集	自动采集或手动采集	建筑总用自来水水量
	总外购冷量(GJ)	自动采集	自动采集或手动采集	建筑从外部购买/由外部提供的总冷量
	总外购热量(GJ)	自动采集	自动采集或手动采集	建筑从外部购买/由外部提供的总热量
	原煤(kg)	自动采集或手动采集	自动采集或手动采集	建筑总用煤量
	天然气(m^3)	自动采集或手动采集	自动采集或手动采集	建筑总用燃气量
	柴油(kg)	自动采集或手动采集	自动采集或手动采集	建筑总用柴油量

续表

能耗层级	能耗节点	精品示范工程	一般示范工程	节点说明
1	液化石油气(kg)	自动采集或手动采集	自动采集或手动采集	建筑总用液化石油气量
	光伏发电总量(kWh)	自动采集	自动采集	光伏系统总发电量,包括建筑自用部分和发电并网部分
	光伏发电量(建筑自用部分)(kWh)	自动采集	自动采集	建筑自用的光伏发电电量
	其他能源	自动采集或手动采集	自动采集或手动采集	建筑总用其他能源量,写明能源名称,如有多个其他能源,逐一采集上传
2	总耗冷量(GJ)	自动采集	自动采集	建筑全年总耗冷量,一般在供冷系统总供冷主管计量;对于外购冷源建筑,如外购冷量仅用于制冷且建筑无其他冷源,则总外购冷量即为总耗冷量
	总耗热量(GJ)	自动采集	自动采集	建筑全年总耗热量,市政供暖可在板式换热器二次侧计量;对于外购热源建筑,如外购热量仅用于供暖且建筑无其他热源,则总外购热量即为总耗热量
3	供冷用能(kWh)	电自动采集,其他能源可手动采集	电自动采集,其他能源可手动采集	指为建筑空间提供冷量(包括除湿),以达到适宜的室内温湿度环境而消耗的能量。包括制冷除湿设备、循环水泵、冷源侧辅助设备(如冷却塔、冷却水泵)和末端输送设备(如空调箱、新风机)等的用能
	供暖用能(kWh)	电自动采集,其他能源可手动采集	电自动采集,其他能源可手动采集	指为建筑空间提供热量(包括加湿),以达到适宜的室内温湿度环境而消耗的能量。包括制热设备、循环水泵、热源侧辅助设备(如热网换热水泵)和末端输送设备(如空调箱、新风机)等的用能
	照明用电(kWh)	自动采集(如无法与插座分开可合并采集)	自动采集(如无法与插座分开可合并采集)	指为满足建筑内人员对光环境的需求,建筑照明灯具及其附件(如镇流器等)使用的电量。可依据照明灯具所处位置和功能的不同分为室内照明用电和室外(景观)照明用电
	插座用电(kWh)	自动采集(如无法与照明分开可合并采集)	自动采集(如无法与照明分开可合并采集)	指建筑内从插座取电的各类设备(如计算机、打印机、饮水机、电冰箱、电视机等)的用电
	风机用电(kWh)	自动采集		指建筑内机械通风换气和循环用风机使用的电量,包括厕所排风机、车库通风机以及其他不包括空气调节功能的通排风机等设备消耗的电量

续表

能耗层级	能耗节点	精品示范工程	一般示范工程	节点说明
3	电梯用电(kWh)	自动采集	自动采集	指建筑电梯及其配套设备(包括电梯照明和空调、电梯机房的通风机和空调器等)使用的电量
	信息机房用电(kWh)	自动采集	自动采集	指建筑内集中设置的信息中心、通信基站等机房内的设备和相应的空调系统使用的电量
	炊事用能(kWh)	电自动采集,其他能源可手动采集	电自动采集,其他能源可手动采集	指建筑内炊事及炊事环境通风排烟使用的能量,主要包括三部分:厨房炊事设备加热食物或食材使用燃料消耗量或电量;厨房通风排烟和油烟处理设备等消耗的电量;厨房冷冻冷藏设备所消耗的电量
	变压器电量损耗(kWh)	自动采集或手动采集	自动采集或手动采集	指建筑设备配电变压器的空载损耗与负载损耗总和,通过高压侧电表测量用电量减低压侧电表测量用电量得到
	其他专用设备用电(kWh)	自动采集	自动采集	指建筑内各种提供专门功能设备(如给水排水泵、自动门、防火设备等)不属于以上各类用能的专用设备使用的电量
4	冷水机组用能(kWh)	电自动采集,其他能源可手动采集	电自动采集,其他能源可手动采集	指电驱动冷水机组的压缩机用电量,吸收式冷水机组消耗的燃料或热量(通常为天然气、燃油或蒸汽)
	冷却侧循环泵与风机用电(kWh)	自动采集	自动采集	指辅助冷水机组冷却侧散热设备的用电量,如冷却水循环泵和冷却塔风机用电,地源/水源热泵制冷工况运行时的地源换热器或水源侧循环泵用电,风冷冷水机组的风机用电等。冷水机组不开机、采用冷却塔或地埋管换热器实现"免费冷却"时的冷却侧循环泵及风机电耗也应计入
	冷源设备用能(kWh)	电自动采集,其他能源可手动采集	电自动采集,其他能源可手动采集	指冷水机组用能和冷却侧循环泵与风机用电量之和,或电驱动热泵制冷工况下压缩机、循环泵和冷却侧风机等用电量之和
	冷冻水循环泵用电(kWh)	自动采集	自动采集	指冷水机组运行过程中冷水侧各种功能循环泵用电量之和,包括一级泵和多级泵系统中的冷水循环泵用电,换热器一次侧、二次侧的冷水循环泵,蓄冷系统中的蓄冷循环泵和释冷循环泵等

续表

能耗层级	能耗节点	精品示范工程	一般示范工程	节点说明
4	冷站设备用能(kWh)	电自动采集,其他能源可手动采集	电自动采集,其他能源可手动采集	指冷站中冷水机组用能、冷却侧循环泵和风机用电、冷水循环泵用电之和
	空调箱风机(供冷)用电(kWh)	自动采集		指组合式空调机组供冷过程中用于空气循环的各种风机用电量,包括单风机空调系统中的送风机用电量,双风机系统中的送风机和回风机(或排风机)用电量
	锅炉用能(kWh)	电自动采集,其他能源可手动采集	电自动采集,其他能源可手动采集	指锅炉(燃气、燃油、燃煤等)供热所消耗的燃料(通常为天然气、燃油或燃煤),或吸收式冷水机组按供暖工况运行时消耗的燃料或热量(通常为天然气或燃油)
	电驱动热泵热源用电(kWh)	自动采集	自动采集	指电驱动热泵机组供热工况下压缩机用电量,以及热源侧取热循环泵和风机用电量之和,如地源/水源热泵制冷工况运行时的地源换热器或水源侧循环泵用电,风冷热泵/空气源热泵机组的风机用电等(包括除霜用电量),热源塔循环泵与风机电耗(包括溶液再生用电)等
	热水循环泵用电(kWh)	自动采集	自动采集	指供热时建筑内各种热水循环泵用电量之和,包括一级泵和多级泵系统中热水循环泵用电,换热器一次侧、二次侧的热水循环泵,蓄热系统中的蓄热循环泵和放热循环泵等
	空调箱风机(供热)用电(kWh)	自动采集		指组合式空调机组供热过程中用于空气循环的各种风机用电量,包括单风机空调系统中的送风机用电量,双风机系统中的送风机和回风机(或排风机)用电量
	新风机用电(kWh)	自动采集		指新风机组从室外抽取新鲜的空气经过除尘、除湿(或加湿)、降温(或升温)等处理后送到室内过程中风机的用电
	带热回收新风机组用电及回收冷热量(kWh)	自动采集		指带有热回收装置的新风机组新风侧回收得到的热量或冷量,以及新风机和排风机的用电。其中,回收得到的热量或冷量宜通过带热回收新风机组自控系统测量新风进出热回收装置的焓值以及风量获得

续表

能耗层级	能耗节点	精品示范工程	一般示范工程	节点说明
4	通风机用电(kWh)	自动采集		指建筑物中各种通风(设备机房通风、后勤通道通风等)用的送风机的用电
	排风机用电(kWh)	自动采集		指建筑物中各种通风(车库排风、厕所排风、消防排风等)用的排风机的用电
环境参数	温度	自动采集	自动采集	建议测点安装于公共区域人员活动区域距离地面1.5m高度处。 对于精品示范项目: (1)建筑面积小于2万 m² 的公共建筑,采样点不少于4个; (2)建筑面积在2万 m² 到10万 m² 的公共建筑,不小于每8000m²布置一个采样点,且采样点总数不少于4个; (3)建筑面积大于10万 m² 的公共建筑,不小于每1.2万 m² 布置一个采样点,且采样点总数不少于12个; (4)建筑面积大于20万 m² 的公共建筑,采样点不少于16个。 对于一般示范项目:选取公共区域和租区共安装不少于3个点位
	湿度	自动采集	自动采集	建议测点安装于公共区域人员活动区域距离地面1.5m高度处。 对于精品示范项目: (1)建筑面积小于2万 m² 的公共建筑,采样点不少于4个; (2)建筑面积在2万 m² 到10万 m² 的公共建筑,不小于每8000m²布置一个采样点,且采样点总数不少于4个; (3)建筑面积大于10万 m² 的公共建筑,不小于每1.2万 m² 布置一个采样点,且采样点总数不少于12个; (4)建筑面积大于20万 m² 的公共建筑,采样点不少于16个。 对于一般示范项目:选取公共区域和租区共安装不少于3个点位

续表

能耗层级	能耗节点	精品示范工程	一般示范工程	节点说明
环境参数	二氧化碳	自动采集	自动采集	建议测点安装于公共区域人员活动区域距离地面 1.5m 高度处。 对于精品示范项目: (1)建筑面积小于 2 万 m^2 的公共建筑,采样点不少于 4 个; (2)建筑面积在 2 万 m^2 到 10 万 m^2 的公共建筑,不小于每 8000m^2 布置一个采样点,且采样点总数不少于 4 个; (3)建筑面积大于 10 万 m^2 的公共建筑,不小于每 1.2 万 m^2 布置一个采样点,且采样点总数不少于 12 个; (4)建筑面积大于 20 万 m^2 的公共建筑,采样点不少于 16 个。 对于一般示范项目:选取公共区域和租区共安装不少于 3 个点位
	PM$_{2.5}$	自动采集	自动采集	建议测点安装于公共区域人员活动区域距离地面 1.5m 高度处。 对于精品示范项目: (1)建筑面积小于 2 万 m^2 的公共建筑,采样点不少于 4 个; (2)建筑面积在 2 万 m^2 到 10 万 m^2 的公共建筑,不小于每 8000m^2 布置一个采样点,且采样点总数不少于 4 个; (3)建筑面积大于 10 万 m^2 的公共建筑,不小于每 1.2 万 m^2 布置一个采样点,且采样点总数不少于 12 个; (4)建筑面积大于 20 万 m^2 的公共建筑,采样点不少于 16 个。 对于一般示范项目:选取公共区域和租区共安装不少于 3 个点位
	照度			
	噪声			
人员信息	常在室人数(人)	自动采集	自动采集或手动采集	
	厨房炊事部分供餐总人数(人)	自动采集或手动采集	自动采集或手动采集	